普通高等教育“十四五”规划教材
湖南省研究生高水平教材
长沙市科技重大专项项目（kq2011002）资助
国家自然科学基金青年科学基金项目（41801082）资助
四川省科技计划项目（高新技术领域重点研发项目）（2021YFG0028）资助
成都市重点研发支撑计划项目（2019YF0501368SN）资助
湖南省一流本科课程项目（湘教通〔2020〕322号）资助

ArcGIS 10.8 地理信息系统软件与应用

ArcGIS 10.8 Geographical Information System Software and Application

全　斌　樊雪姣　刘沛林
郭　涛　胡　最　杜国庆　编著
孙　硕　邓志位　王昭生

中国环境出版集团·北京

图书在版编目（CIP）数据

ArcGIS 10.8 地理信息系统软件与应用/全斌等编著.
—北京：中国环境出版集团，2021.9（2025.8 重印）
普通高等教育“十四五”规划教材
ISBN 978-7-5111-4784-4

Ⅰ. ①A… Ⅱ. ①全… Ⅲ. ①地理信息系统—应用软件—高等学校—教材 Ⅳ. ①P208

中国版本图书馆 CIP 数据核字（2021）第 134373 号

责任编辑 史雯雅
封面设计 宋 瑞

出版发行 中国环境出版集团
（100062 北京市东城区广渠门内大街 16 号）
网 址：http://www.cesp.com.cn
电子邮箱：bjgl@cesp.com.cn
联系电话：010-67112765（编辑管理部）
发行热线：010-67125803，010-67113405（传真）
印 刷 玖龙（天津）印刷有限公司
经 销 各地新华书店
版 次 2021 年 9 月第 1 版
印 次 2025 年 8 月第 3 次印刷
开 本 787×1092 1/16
印 张 11.5
字 数 220 千字
定 价 48.00 元

序

1982 年 6 月美国 ESRI 公司开发出了 ARC/INFO 1.0，这是世界上第一个现代意义上的 GIS 软件，也是第一个商品化的 GIS 软件。ArcGIS 10.8 作为 10 系列的最后一个版本，成为软件完整度和工具丰富度方面一个新的制高点，它让用户可以更加轻松地部署自己的 WebGIS 应用，大大简化地理信息探索、访问、分享和协作的程序，使用户可以感受新一代 WebGIS 所带来的高效与便捷。

市面上 ArcGIS 软件的教程类书籍有很多，但是以 ArcGIS 10.8 版本为运行环境的教程类书籍可谓少之又少，此书在一定程度上满足了用户对 ArcGIS 高版本软件学习的需要。在信息网络迅速发展的今天，人们热衷于通过网络或者使用电子设备辅助学习，相比于简单的文字或图片描述操作，完整的软件操作教学视频更能满足读者的需要，方便其进行学习。由于纸质版书籍携带不便，且不能保证每次需要时都可以随时拿出来学习，本书通过扫描二维码获取操作视频的方式，可以让读者扫描后反复观看，随时随地进行学习。

本书强调新颖性、技术性、全面性和实用性，体现了理论与实践的深度结合、认识论和方法论的高度统一，蕴含着作者在 ArcGIS 软件使用和教学实践方面的经验总结和认识升华，丰富了 ArcGIS 软件的实践特色和时代特色。此外，在土地覆被变化应用研究中，作者运用 ArcGIS 10.8 与 TerrSet 软件结合进行强度分析，这是本书新的特色。

概观此书，作为 ArcGIS 软件的教学指导书，无论是内容丰富性还是受众的广泛性方面，该书都是值得肯定的，我对此甚为欣慰，特作此序。

湖南科技大学地理空间信息技术国家地方联合工程实验室主任

湖南科技大学测绘遥感信息工程湖南省重点实验室主任、博士生导师

前 言

GIS（地理信息科学）正在通过地图承载的科学信息，转变着我们对世界的理解以及我们的行为方式。在新时代里，GIS 通过“A”（AI，人工智能）+“B”（Big Data，大数据）+“C”（Cloud，云平台）+“D”（Digital Earth，数字地球）+“E”（Electronic Map，电子地图）+“F”（Five，5G）等获得无限美好的发展前景。学习地理及其相关专业的学生、学者和研究人员都知道 GIS 和它的主流软件 ArcGIS，ArcGIS 是 ESRI（易智瑞）公司的核心平台产品。掌握 ArcGIS 对于地理专业的学习与研究至关重要，它能帮助人们对地理空间信息进行采集、存储、查询、显示、分析、建模。GIS 圈内有人说：学会 ArcGIS 的 70%，就可成为 GIS 专家了。事实上，GIS 在很多领域，如土地覆被变化、自然灾害评估、动物栖息地分析、河滨带监测、林业管理与城市规划、历史文化村镇保护与农业生态以及文化景观基因的表达等都显示出其重要性，于是越来越多的人被它的魅力所吸引，想了解和学习 ArcGIS 软件。虽然目前有较多的书籍介绍这一软件，但是由于 ArcGIS 软件版本在不断升级更新，复杂性日益增加，并且，以往的教材大多是以文字表述居多，但文字受篇幅所限不可能将过程完全复述，对于想要掌握整个操作过程的初学者，可能还是有些困难。在之前的出版中，考虑到以上的文字描述缺憾，代之以图形表示，虽然进了一步，但仍受书的总体篇幅以及每页图幅面限制，无法表达更多的图形内容。为了更好地让读者迅速学习和掌握 ArcGIS，在这次修订时，我们启用扫描二维码即出现操作视频的新方法，在提供练习数据基础上，以研究案例或问题为导向，以动态视频形式呈现，以便读者更好地学习，这也是本书独特之处。在修订中本书还增加了三章，即第十七章、第十八章和第十九章，这三章里的案例多取自作者指导学生论文的实践，如土地利用变化强度分析、综合遥感系列制图和土地潜力评价，作者也将这三章相关的论文列于书后的参考文献之中，可供查阅。在第十八章第一节的"TerrSet 软件中的转移矩阵制作"中，使用了 TerrSet 软件对衡阳市"三生"（生产-生活-生态）空间土地利用进行转移矩阵的制作，这个软件是由美国克拉克大学实验室（Clark Labs）开发的。在第十八章第二节"土地利用变化强度分析"中参考了美国克拉克大学地理学院 Robert Gilmore Pontius Jr 教授的讲义，并提供了他开发的 PontiusMatrix42A 表帮助读者制作强度分析图。此外，在第七章"地图符号与可视化表达"中增加了具体的点（桥）、线（公路与铁路）与面（林地、草地、建筑物、水域等）的地图符号设计与制作。本书紧随时代的步伐，采用了较新的软件版本，即 ArcGIS 10.8 的英文版本。本书适合于用作高等院校地理信息科学、测绘科学与技术、地理、旅游管理、城市规划、设计艺术、生态学、农学、环境科学与工程、历史学等专业的本科生与研究生的教材，也可供相关领域研究人员参考。本书中的数据仅供读者操作学习，不得用于其他用途。

在本书编写过程中，部分素材取自编著者们参与学习的多个培训与研习班教程，例如，ESRI 中国信息技术有限公司联合武汉大学遥感信息工程学院近四年举办的多期高校教师 ArcGIS 技能培训班，以及上海研数数据科技有限公司 2015 年年末在安徽合肥举办的全国地理信息系统软件 ArcGIS 应用课程研习班等，在此深表感谢！在第十八章中我参考了在美国克拉克大学地理学院访问时我的导师 Robert Gilmore Pontius Jr 教授的讲义，提供了他制作的 PontiusMatrix42A 表，对此深表感谢！除了书后列出的参考文献之外，编著者还参考与吸收了许多国内外同行的教材和著作，在此向各位原著者表示感谢！在本教材出版过程中，得到衡阳师范学院"传统村镇文化数字化保护与创意利用技术"国家地方联合工程实验室、"古村古镇文化遗产数字化传承"协同创新中心、联合国教科文组织国际自然与文化遗产空间技术中心衡阳分中心等的邓运员教授（院长）、邹君教授（处长）、郑文武教授、李伯华教授、杨立国教授、王鹏教授、罗文教授和田亚平教授等给予的大力支持，得到了衡阳师范学院地理与旅游学院全体老师，特别是地理信息教研室老师们的帮助与支持。也得到了中国科学院遥感与数字地球研究所、HIST 北京以及各分中心（郑州、哈尔滨、南昌）和各工作站（九寨沟、厦门、腾冲、长沙）的专家老师们的支持与热情帮助，还得到了湖南科技大学地理空间信息技术国家地方联合工程实验室主任李朝奎教授、湖南科技大学资源环境与安全工程学院韩用顺教授、刘贤赵教授、王欣教授、余光辉教授、张东水教授、陈新保教授、王志强教授、莫宏伟教授等以及地理信息与遥感工程系曾经的同事与朋友们给予的大力帮助。武汉大学遥感信息工程学院秦昆教授给予了鼓励与帮助，ESRI 中国信息技术有限公司蔡晓兵副总裁、余建新先生、罗雄先生、池戎先生、许荔娜、张聆、张凤、李文博、刘勇等给予了最新软件支持与帮助，广州大学地理科学与遥感学院前院长陈健飞教授给予我热情鼓励与支持，在此一并致以最真挚的感谢！同时，也感谢四川省农业科学院遥感与数字农业研究所智慧农业科学技术中心郭涛工程师和国家生态科学数据中心、中国科学院地理科学与资源研究所王昭生博士参与本书修订工作。感谢任红鸽与宋慧在《ArcGIS 10.2 地理信息系统软件与应用》编写中做出的重要贡献，为本书修订打下了坚实基础！衡阳师范学院 2017 级地理信息科学专业的学生龙陈敏、秦爽、周文龙等对本书教程进行了检查与测试，在此也表示感谢！特别感谢湖南科技大学地理空间信息技术国家地方联合工程实验室主任李朝奎教授为本书作序！特别感谢湖南省研究生高水平教材项目资助！最后特别感谢中国环境出版集团史雯雅编辑在此书编辑出版中的辛勤付出！

本书配备了每章的操作实验数据，可扫描二维码下载，并统一保存在 D 盘目录下，二维码见右侧。教学视频可通过扫描各章节名下的二维码获得。由于编著者知识水平有限，书中难免出现疏漏或错误，恳请读者批评指正。E-mail 请发至：quanbin308@aliyun.com 或 fxj35395@163.com（樊雪姣）。

全 斌

2021 年 6 月 18 日于衡阳师范学院东校区

师苑新村

目　录

绪　论

一、GIS 定义、产生与演化

古往今来，人类几乎所有活动都是发生在地球上的，并都与地球表面位置（地理空间位置）息息相关，随着计算机技术的日益发展和普及，地理信息科学（Geographical Information Science，GIS）以及在此基础上发展起来的“数字地球”“数字城市”在人们的生产和生活中起着越来越重要的作用。

有关地理信息系统的定义有很多，通常可理解为：地理信息系统是对地理空间数据进行采集、储存、查询、分析、显示与建模的计算机系统。

从 GIS 科学与技术进化上看，GIS 部分起源于制图学家的专题地图。20 世纪 50 年代英国城市规划师杰奎琳・泰尔惠特（Jacqueline Tyrwhitt）用透明图纸叠置的方法将 4 幅专题地图（地形、地质、水文、耕地）叠置成一幅地图，提供了在一个地理范围内同时看到多幅专题地图的简单而通用的技术。美国环境景观建筑师伊安・麦克哈格（Ian McHarg）于 20 世纪 60 年代末在其里程碑著作 *Design with Nature* 中提到，地图叠置是都市和环境规划的一种工具。

从 GIS 形式上看，其起源于快速发展的计算机工具，尤其是 20 世纪 60 年代和 70 年代土地管理、城市与区域规划和地理编码等领域的计算机图形学。从对 GIS 市场的需求上看，一开始市场的需要就促进了它的迅速发展。例如，20 世纪 60 年代，在加拿大政府需要查清国家土地资源的背景下，加拿大科学家罗杰・汤姆林森（Roger Tomlinson）博士首次提出并建立了世界上第一个实用 GIS 系统，将其用于加拿大的土地管理。又如，1966 年秋，哈佛大学计算机图形实验室卡尔・斯泰尼茨（Carl Steinitz）运用霍华德・费希尔（Howard Fisher）创建的 SYMAP 程序，从环境保护的目的出发，基于城市扩张和地理设计的角度，对德尔马瓦半岛（Delmarva Peninsula）区域发展与保护进行研究，这是运用

GIS 模型评估的方法对大区域进行地理设计的首个案例。

美国环境系统研究所（Environmental Systems Research Institute Inc.，ESRI）创建于 1969 年，总部位于加利福尼亚州的雷德兰兹市。公司最初是为企业创建和分析地理信息提供咨询服务的。20 世纪 80 年代，ESRI 致力于开发和发展一套可运行在计算机环境中的、用来创建地理信息系统的核心开发工具，这就是今天众人所熟知的 ArcGIS 技术。

GIS 中的“S”，从“system”演变为“science”，再到“service”，说明 GIS 的重点从技术的系统开发开始演变为科学，最后到为大众服务。未来的 GIS 称为“全空间地理信息科学”，是可以对多粒度时空实体进行信息获取与处理、描述与表达、组织与管理、分析与应用、可视化与展现的综合信息系统。

二、GIS 应用

GIS 在最近的 30 多年内取得了惊人的发展，广泛应用于资源调查、环境评估、灾害预测、国土管理、城市规划、邮电通信、交通运输、军事公安、水利电力、公共设施管理、农林牧业、统计、商业金融、历史文化村镇保护、景观基因图谱构建等几乎所有领域，正如 ESRI 提倡的一句口号：“GIS 应用无时不在、无处不在。”以下是地理信息系统的主要应用领域。

■ 资源管理（resource management）

主要应用于农业和林业领域，解决农业和林业领域各种资源（如土地、森林、草场）分布、分级、统计、制图等问题。

■ 资源配置（resource configuration）

在城市中各种公用设施、医疗卫生资源、救灾减灾物资的分配，以及全国范围内的能源保障、粮食供应等在不同地域的分配都是资源配置问题。GIS 在这类应用中的目标是保证资源的最合理配置和发挥最大经济效益。

■ 城市规划和管理（urban planning and management）

空间规划是 GIS 的一个重要应用领域，城市规划和管理是其中的主要内容。例如，在大规模城市基础设施建设中如何保证绿地的比例和合理分布，如何保证学校、公共设施、运动场所、服务设施等能够有最大的服务面（城市资源配置问题）等。

■ 土地信息系统和地籍管理（land information system and cadastral management）

土地和地籍管理涉及土地使用性质和强度变化、地块轮廓变化、地籍权属关系变化等许多内容，借助 GIS 技术可以高效、高质量地完成这些工作。

■ 生态环境管理与模拟（ecological environmental management and modeling）

包括区域生态规划、环境现状评价、环境影响评价、污染物削减分配的决策支持、环境与区域可持续发展的决策支持、环保设施的管理、环境规划与模拟等。

■ 应急响应（emergency response）

解决在发生洪水、战争、地震、核事故、新冠肺炎疫情等重大自然或人为灾害时，如何快速通过地图可视化动态表达，如何安排最佳的人员撤离路线，并配备相应的运输和保障设施的问题。

■ 地学研究与应用（research and application in geoscience）

地形（DEM）分析、流域分析、可视性分析、犯罪与疾病分析、儿童发生溺水事故地点分析、城市空间与传统聚落演变研究、经济地理研究、空间决策支持、空间统计分析、制图等都可以借助地理信息系统工具完成。

■ 商业与市场（business and marketing）

商业设施的建立应充分考虑其市场潜力。例如，大型商场的建立如果不考虑其他商场的分布、待建区周围居民区的分布和人数，建成之后就可能无法获得预期的市场和服务面。有时甚至商场销售的品种和市场定位都必须与待建区的人口结构（年龄构成、性别构成、文化水平）、消费水平等结合起来考虑。地理信息系统的空间分析和数据库功能可以解决这些问题。房地产开发和销售过程中也可以利用 GIS 功能进行决策和分析。

■ 基础设施管理（facilities management）

城市的地上、地下基础设施（电信、自来水、道路交通、天然气管线、排污设施、电力设施等）广泛分布于城市的各个角落，且这些设施具有明显的地理参照特征。它们的管理、统计、汇总都可以借助 GIS 完成，依托 GIS 可以大大提高工作效率。

■ 选址分析（site selecting analysis）

根据区域地理环境的特点，综合考虑资源配置、市场潜力、交通条件、地形特征、环境影响等因素，在区域范围内选择最佳位置，是 GIS 的一个典型应用领域，充分体现了 GIS 的空间分析功能。

■ 网络分析（network system analysis）

建立交通网络、地下管线网络等的计算机模型，研究交通流量、设计交通规则、处理地下管线突发事件（爆管、断路）等。警务和医疗救护的路径优选、车辆导航等也是 GIS 网络分析应用的实例。

■ 可视化应用（visualization application）

以数字地形模型为基础，建立城市、区域或大型建筑工程，著名风景名胜区、公园的三维可视化模型，进行文化遗址的虚拟重建，从多角度提炼历史文化价值与特色，真实还原其不同朝代的历史环境、历史风貌，实现多角度浏览，广泛应用于宣传、城市和区域规划、大型工程管理和仿真、旅游等领域。

■ 分布式地理信息应用（distributed geographic information application）

随着网络和 Internet 技术的发展，运行于 Intranet 或 Internet 环境下的地理信息系统应用类型的目标是实现地理信息的分布式存储和信息共享，以及远程空间导航等。

■ 教育规划管理（education planning and management）

以地理方式规划管理教育资源和学区信息、数字校园、校园管理、教学信息化、招生就业等方面。

■ 历史文化村镇保护（protection of historical and cultural village）

对历史文化村落进行数字化保护是 GIS 应用的新方向之一，它可以从数字化保护出发，对古村落长期存档，并且进行网络传播，通过云平台构建、三维实体动态显示以及虚拟现实技术，达到文化遗产可持续保护与传承的目的。

总之，未来的 GIS 应用将会充分利用与挖掘其属性数据库，从而进入时空大数据时代。在这个时空大数据新时代下，人工智能+空间大数据，即空间智能（spatial intelligence）发展迅速，它将重构商业模式、企业模式、资本模式和政府决策模式。

三、本书导读

本书尊重读者的自学规律，根据先易后难、由简到繁和先介绍知识点、后进行案例应用的两大原则，让读者领略 GIS 的魅力和 ArcGIS 的强大功能。

全书由浅入深逐步引导读者掌握 ArcGIS 10.8 软件操作，各个章节的内容相对独立，读者可视个人需要进行选择性阅读和使用。本书分为 19 章，在内容安排上，第一章是 ArcMap 简介，建议初学者先学习第一章了解 ArcGIS 10.8 软件的基础知识；第二章到第十一章结合小案例对 ArcGIS 的强大功能模块进行了操作式介绍；第十二章到第十九章则是根据特定的任务目标对 ArcGIS 的综合模块进行了说明与应用。

本书适合用作高等院校地理信息科学、测绘科学与技术、地理科学、旅游管理、城市规划、设计艺术、生态学、农学、环境科学与工程和历史学等专业本科生与研究生的教材，也可供相关领域研究人员参考。

第一章　ArcMap 简介

一、教学目的

（1）认识 ArcMap 图形用户界面。

（2）了解地理数据是如何进行组织及基于“图层”进行显示的。

（3）通过浏览与地理要素关联的数据表，了解地理数据是如何与其属性信息进行连接的。

（4）掌握 GIS 中基本查询操作，加深对其实现原理的理解。

二、教学准备

☞　软件准备：确保您的计算机中已经正确安装了 ArcGIS Desktop 10.8 软件。

☞　实验数据：在路径 D:\chp01 下。

本章所涉及的实验数据如下：

路径	数据名称	数据格式	说明
chp01\data01	CSX	Geodatabase 数据	实验输入
	cs_1990，cs_2000	Shapefile	实验输入
	ex01	地图文档文件	实验输入
chp01\results	土地利用	Shapefile	实验输出
	cs-1990-ExportCAD	dwg	实验输出

☞　预备知识：

（1）理解 GIS 的三种角度

① GIS 就是空间数据库：GIS 是一个包含用于表达通用 GIS 数据模型（要素、栅格、拓扑、网络等）的数据集的空间数据库。

② GIS 就是地图：从空间可视化的角度看，GIS 是一套智能地图，同时也是用于显示地表上的要素和要素间关系的视图。底层的地理信息可以用各种地图的方式进行表达，而这些表现方式可以被构建成“数据库的窗口”，来支持查询、分析和信息编辑。

③ GIS 是空间数据处理分析工具集：从空间处理的角度看，GIS 是一套用来从现有的数据集获取新数据集的信息转换工具。这些空间处理功能从已有数据集提取信息，然后进行分析，最终将结果导入数据集中。

（2）理解 GIS 的若干专用术语

① 要素（Feature）：空间数据最基本、不可分割的单位，有点、线、面（多边形）等。每一个要素可以有自己的属性表，以记录方式存放在属性表中，一个要素和一个表中的一行（记录）相对应。

② 要素类（Feature Class）：聚集在一起的相同类型的要素。一个要素类一般和一个属性表相对应。

③ 图层（Coverage）：每一图层都由同一类型的要素组成，其数据来自某个要素类，如点状图层的数据来自点要素类（Point Feature Class），线状图层来自线要素类（Line Feature Class），面状图层来自多边形要素类（Polygon Feature Class），因此图层可理解为要素类的表现形式，图层中的要素是要素类的子集或全集。

④ 属性表（Attribute Table）由若干列和若干行组成。每列代表一种属性，称为字段（Field，也称属性项），字段有自己的名称。每一行代表一条要素记录。

⑤ Data Frame 是“数据框架”，它将多个图层、属性表聚集在一起。

⑥ Data Source 可解释成“数据源”，是不经转换而被 ArcMap 直接使用的空间、属性数据。

⑦ 地图文档（Map Document）：ArcMap 的应用单元。

第一节　ArcMap 基础

温馨提示：本小节无实验详细操作教学视频。

一、ArcMap 的窗口组成

ArcMap 窗口主要是由主菜单、内容列表、标准工具栏、显示窗口、目录、搜索、状态栏等部分组成。

（一）主菜单

主菜单由“File（文件）”“Edit（编辑）”“View（视图）”“Bookmarks（书签）”“Insert（插入）”“Selection（选择）”“Geoprocessing（地理处理）”“Customize（自定义）”“Windows（窗口）”“Help（帮助）”等十个部分组成。

注释栏：

主菜单主要功能介绍：

1.“File（文件）”下拉菜单中的“添加数据”包括“添加数据”“添加地图”“ArcGIS Online 添加数据”“添加 XY 数据”“添加路径事件”“添加查询图层”。

2. 在“Bookmarks（书签）”下拉菜单中提供了“Create Bookmark（创建书签）”和“Manage Bookmarks（管理书签）”两个子菜单，通过书签可快速定位至所创建的书签位置视图，以实现地图的快速定位功能。

3.“Insert（插入）”下拉菜单中“Title（标题）”“Text（文本）”“Neatline（图廓线）”“Legend（图例）”“North Arrow（指北针）”“Scale Bar（比例尺）”“Scale Text（比例文本）”只在布局视图中适用。

4.“Geoprocessing（地理处理）”下拉菜单中“Clip（裁剪）”“Intersect（相交）”“Union（联合）”“Merge（合并）”“Dissolve（融合）”工具只适用于二维要素类。

5. 需要使用“3D Analyst（三维分析）”“Network Analyst（网络分析）”“Geostatistical Analyst（地统计分析）”“Tracking Analyst（跟踪分析）”“Spatial Analyst（空间分析）”等扩展模块的分析工具时，需要勾选“Customize（自定义）”下拉菜单中“Extensions（扩展模块）”中的模块。

（二）标准工具栏

标准工具栏位于软件标题栏下，主要有“New（新建空白图层）”“Open（打开文件夹）”“Save（保存）”“Print（打印）”“Cut（剪切）”“Copy（复制）”“Paste（粘贴）”“Delete（删除）”“Undo（撤销）”“Redo（恢复）”“Add Data（添加数据）”“Map Scale（地图比例尺）”“Editor Toolbar（编辑工具）”“Table Of Contents（内容列表）”“Catalog（目录）”“Search（搜索）”“ArcToolBox（工具箱）”“Python”“ModelBuilder（模型构建器）”等主要功能。

（三）内容列表窗口

内容列表用来显示地图文档所包含的数据框、图层、地图要素的符号、数据源等。内容列表窗口如果不小心被关闭的话，可从 ArcMap 主菜单下“Windows”下的“Table Of Contents”调出。

一个地图文档至少包含一个数据框，如果包含两个或两个以上数据框，内容列表中将依次显示所有数据框，但是只有一个数据框是当前数据框，名称以加粗方式显示。每个数据框由若干图层组成，图层在内容列表中显示的顺序将决定其在地图显示窗口中的叠加顺序。一般地，点、线和面以自上往下的顺序显示。方框“+”或“-”，用于设置是否展开图层。方框中标注“✓”，用于设置图层是否在地图显示窗口中显示。

注释栏：

内容列表主要包括以下五个选项：

1. 按绘制顺序列出按钮，用于表示所有图层地理要素的类型与表示方法，按照图层加载顺序依次列出。

2. 按源列出按钮，除了表示所有图层地理要素的类型与表示方法以外，还能显示数据的存放位置与存储格式。

3. 按可见性列出按钮，除了表示所有图层地理要素的类型与表示方法以外，还将图层按照可见与不可见进行分组列出。

4. 按选择列出按钮，按照图层是否有要素被选中，对图层进行分组显示，同时标识当前处于选中状态的要素的数量。

5. 在内容列表中单击按钮，打开“Table Of Contents（内容列表）”对话框，可以设置内容列表显示属性。

（四）地图显示窗口

地图显示窗口用于显示当前地图文档所包含的所有地图要素，ArcMap 提供了两种地图视图方式：一种是数据视图，可以对地图数据进行查询、检索、编辑和分析等各种操作；另一种是布局视图，可以将图名、图例、比例尺和指北针等地图辅助要素加载到地图上。

两种地图显示方式可以通过地图显示窗口左下角的数据视图和布局视图按钮进行切换。

（五）目录与搜索窗口

点击主菜单中的【Windows】->【Search】打开搜索窗口。ArcMap 的目录主要用于提供地理数据的树状视图，通过它可查看本地或网络上的文件及文件夹，并能建立与数据库的连接，查看 GIS 服务器上的数据。ArcMap 的目录与 ArcCatalog 中的目录树功能类似。搜索窗口可对本地磁盘中的地图、数据、工具进行搜索。

（六）状态栏

状态栏主要有“Data View（数据视图）”“Layout View（布局视图）”“Refresh（刷新）”“Pause Drawing（暂停绘制）”。

第二节　ArcMap 应用基础

温馨提示：本小节实验详细操作教学视频请扫描右侧二维码获取，视频名称为“第一章 第二节　ArcMap 应用基础”。

一、新建地图文档

（1）启动 ArcMap 执行菜单命令：【开始】->【所有程序】->【ArcGIS】->【ArcMap 10.8】。

（2）若弹出 ArcMap-Getting Started 窗口，选择【New Maps】->【My Templates】->【Blank Map】（如果不想每次启动 ArcMap 都弹出 ArcMap 启动窗口，您可以勾选【Do not show this dialog in the future】，以后不再显示此对话框），单击【OK】。

（3）打开一个空白地图文档。

说明：

在菜单栏上，左键下拉、右键点击或者鼠标放在工具条上停顿，可一一了解 ArcGIS 各种功能。用户可以按自己的习惯调整工具条、按钮条的布局，这样就使界面和默认状态不一致，也可以不调整（调整时只需要左键选中工具条框不放，上下左右移动）。所以如果您的 ArcMap 界面与上面的图看起来不一样，也不用在意，这不会对练习的结果产生影响。

注释栏：

ArcGIS 主要的打开方式：
1．ArcGIS Desktop 软件安装完成后，双击 ArcMap 桌面快捷方式图标。 2．单击 Windows 任务栏的【开始】->【所有程序】->【ArcGIS】->【ArcMap 10.8】。 3．在 ArcCatalog 工具栏中单击图标按钮。

（4）启动 ArcMap 时，自动打开“ArcMap-Getting Started”对话框。

注释栏：

ArcGIS 打开要素图层的三种方式：
1．找到实验数据所在文件夹 chp01\data01，会发现有 .mxd 后缀名的地图文档，直接双击打开。 2．在已经打开的 ArcMap 中，执行菜单命令文件->【打开】。 浏览包含下载的练习数据的文件夹（如 D:\chp01\data01），然后点击 ex01.mxd 文档，点击【打开】按钮。 3．在已经打开的 ArcMap 空白地图文档中，点击工具条中的按钮。打开实验数据文件夹，可选择您要添加的图层，也可按住 Shift 键选中两个或更多个图层，然后点击【Add】按钮。

注释栏：

打开后无图层投影情况：
有时候会提示未知的空间参考，在 ArcMap 中这通常是一种提醒，并非警告。之所以会有提示未知的空间参考，是因为添加进来的图层坐标系未定义。可右击该图层，查看该图层的属性中的“源”。 打开地图文档 ex01.mxd 后，您会看到一个数据框架下面有三个图层，此例中有一个点图层、一个线图层、一个面图层。在地图上移动鼠标，光标所在位置的坐标显示在窗口右下角。

二、加载数据

（一）添加本地数据

（1）启动 ArcMap，打开地图文档 ex01.mxd。

（2）在标准工具条中单击添加数据图标，打开“添加数据”的对话框。

（3）单击【Look In】（查找范围）下拉框，浏览到 chp01\data01 文件夹。

（二）从 ArcGIS Online 中添加数据

（1）启动 ArcMap，在标准工具条单击图标右侧出现的下拉菜单，选择【Add Data From ArcGIS Online】，打开 ArcGIS Online 对话框。

（2）在该对话框中的列表框中列有数据的一些信息，在每个数据区域单击【Details】按钮，即可浏览该数据的详细信息。

注释栏：

向 ArcMap 中添加数据有以下几种方式：
1. 在 ArcMap 主菜单中单击【File】->【Add Data】，打开 Add Data 对话框，添加数据。 2. 在标准工具条中单击【Add Data】，添加数据。 3. 在内容列表中右击数据框，在弹出菜单中单击【Add Data】，添加数据。 4. 在目录窗口中定位到要添加的数据所在文件夹，拖动数据到窗口中，数据即被加载到当前数据框中。 5. 启动 ArcCatalog，在目录树窗口中定位到要添加的数据所在位置，拖动数据直接到 ArcMap 窗口中来添加数据。

三、地图文档属性设置

（1）单击菜单【File】->【Map Document Properties】，设置地图文档属性。

（2）弹出 Map Document Properties 窗口，在“Title”中输入文档标题“我的地图”，在“Author”中输入作者名字，这些信息将用于搜索，勾选【Store relative path names to data sources】，单击【确定】。

（3）单击【File】->【Save】，保存地图文档。

（4）弹出 Save As 窗口，选择保存地图文档的位置，输入文件名称，如 ex01.mxd，单击【Save】，地图文档的名称变为“ex01.mxd”。

（5）可以使用标准工具条上的工具，新建、保存地图文档。

注释栏：

地图文档存储方式：
1．地图文档保存 将编辑的内容保存在原来的文件中，单击工具栏上的按钮或在 ArcMap 主菜单中单击【File】->【Save】，即可保存地图文档。 2．地图文档另存为 将编辑的内容保存在新的地图文档中，在 ArcMap 主菜单中单击【File】->【Save As】，打开 Save As 对话框，输入文件名，单击【保存】按钮。 3．导出地图 在布局视图下已经为地图添加了图例、图名、比例尺等地图辅助要素后，可以生成一幅完整的地图，在 ArcMap 主菜单中单击【File】->【Export Map】，打开 Export Map 对话框，可将当前地图按各种图片格式输出。

（6）修改 ArcMap 选项，为程序设定默认值。单击菜单【Customize】->【ArcMap Options…】。

（7）在弹出的 ArcMap Options 窗口中，查看启动、常规、工具等设置项功能，在“General”中勾选【Make relative paths the default for new map documents】。

（8）单击【确定】，关闭 ArcMap 选项窗口。

（9）单击【File】->【Save】工具，保存地图文档。

四、加载地理数据

加载不同格式的地理数据，包括 Geodatabase 中的要素类、Shapefile 要素类、栅格数据。

（1）在标准工具条上，单击【Add Data…】。

（2）点击 Add Data 窗口，单击【Connect To Folder】。弹出 Connect To Folder 窗口，选择本节练习数据“data01”。

（3）单击【确定】，查看加载内容。

五、管理图层

（1）移除图层。在内容列表中，右键单击“cs_2000”图层，选择【Remove】。

注释栏：

图层的类型：
ArcMap 中的地图由一系列以特定顺序绘制的地图图层组成。 地图图层定义了 GIS 数据集如何在地图视图中进行符号化和标注，每个地图图层都可用于显示以及处理特定的 GIS 数据集。 图层会引用存储在地理数据库、Coverage、Shapefile、影像、栅格和 CAD 文件等数据源中的数据，而不是真正地存储地理数据。 图层具有不同的类型，各图层类型都有不同的符号化图层内容的方法，并且具有针对相应内容的特定操作。 以下是几种常见的图层类型： 要素图层：引用一组要素（矢量）数据的图层，这些数据表示点、线、面等地理实体。 栅格图层：引用栅格或图像作为其数据源的图层。 服务图层：用于显示 ArcGIS Server、ArcIMS、WMS 服务以及其他 Web 服务的图层。 地理处理图层：用于显示地理处理工具输出的图层。 底图图层：图层组的一种，可实现底图内容的高性能显示。

（2）修改数据框的坐标系。右键单击 Layer 数据框，选择【Properties】。

（3）弹出 Data Frame Properties 窗口，切换到 Coordinate System 页，选择【Layers】->【Krasovsky_1940_Albers】。

（4）还可以选择【Projected Coordinate Systems】->【World】->【WGS 1984 Web Mercator(auxiliary sphere)】，或是搜索“Web Mercator”，快速找到“WGS 1984 Web Mercator(auxiliary sphere)”。

（5）单击【确定】，地图的坐标系统变化。

（6）修改图层名称。右键单击“cs_2000”图层，选择【Properties】，切换到 General 页，修改图层名称为“长沙市 2000 年土地利用”，单击【确定】，内容列表中的图层名称改变。

（7）新建图层组。右键单击 Layers 数据框，选择【New Group Layer】。

（8）修改图层组名称。右键单击新建图层组，选择【Properties】。

（9）弹出 Group Layer Properties 窗口，切换到 General 页，修改图层名称为“长沙市土地利用”，单击【确定】。

（10）按住 Shift 键，选择“cs_2000”图层，拖动选中图层至“长沙市土地利用”图层组下。

（11）拖动图层或图层组，调整图层、图层组顺序，单击【File】->【Save】，保存地图文档。

注释栏：

一般来说，图层的排列顺序遵循以下原则：

- ◆ 按照点、线、面要素类型依次由上至下排列。
- ◆ 按照要素重要程度的高低依次由上至下排列。
- ◆ 按照要素线的粗细依次由上至下排列。
- ◆ 按照要素色彩的浓淡程度依次由上至下排列。

如果需要调整图层顺序，在内容列表单击选中图层名称，按住鼠标向上或向下拖动到新位置释放左键即可完成。

六、地图查询

（1）通过属性表查询要素。在内容列表中，右键单击“长沙市 2000 年土地利用”图层，选择【Open Attribute Table】。

（2）弹出 Table 窗口，浏览 Table 中的记录，选中的记录会在地图上高亮显示，双击记录会缩放到要素。

（3）设置图层是否可选。在内容列表中，单击【List By Selection】图标，单击切换是否可选，设置“长沙市 2000 年土地利用”图层为唯一可选，其他图层为不可选。

（4）在基础工具条中，单击下拉菜单选择【Select By Rectangle】工具，在地图窗口中单击鼠标左键拖动鼠标选中要素（按住 Shift 键可以多选），在 Table 中，单击，切换视图为“Show Selected Records”，可以看到被选中要素对应的属性内容。

（5）在内容列表的 List By Selection 显示下，可以看到被选中的对象、被选中的记录数等。

（6）在 Table 框中的工具栏里，单击【Switch Selection】工具，该操作相当于反选，除之前选中的要素外，其余所有要素将被选中，可从内容列表中看到被选中要素数量增多。

（7）在 Table 中，单击【Select By Attributes】工具，弹出 Select By Attributes 窗口，在字段列表中双击【Landcode_2】字段，该字段添加到表达式窗口，单击【=】，单击【Get Unique

Values】，双击【4】，也可以直接在表达式窗口输入：Landcode_2 = 4，注意表达式中使用英文字符。

（8）单击【Verify】，检查表达式是否正确，单击【Apply】，执行按属性选择，单击【Close】，回到属性表窗口。

（9）在 Table 中，单击【Zoom To Selected】工具，查看地图窗口。

（10）在 Table 中，单击【Clear Selections】工具，选中要素数量变为 0，没有要素被选中。

（11）在 Table 中，单击【Show all records】。

（12）在 Table 中，单击【Table Options】->【Export】，弹出 Export Data 窗口，选择【Selected records】，单击【Browse】，弹出 Saving Data 窗口，在 CSX.gdb 中，输入文件名为"CSX_2000"，类型为【File and Personal Geodatabase Tables】。

（13）单击【Save】，单击【OK】，弹出导出进度窗口，导出完毕后，在弹出的"Do you want to add the new table to the current map?"窗口中占击【Yes】后，可在内容列表的 List By Source 下，看到新长沙土地属性表。

（14）点击【List By Drawing Order】，查看图层列表。

（15）连接属性表，使空间数据与 Excel、dBASE 表关联，获取更多的属性字段。右键单击"长沙市 2000 年土地利用"图层，选择【Joins And Relates】->【Join】。

（16）弹出 Join Data 窗口，选择【Join Attributes From A Table】，在"1. Choose the field in this layer that the join will be based on"中选择字段【LANDCODE_2】，在"2. Choose the table to join to this layer, or load the table from disk"中选择【CSX_2000.xls】，在"3. Choose the field in the table to base the join on"中选择字段【LANDCODE_2】，选中【Keep all records】保留所有记录。

（17）单击【Validate Join】，待验证结束，查看数据匹配情况。

（18）单击【Close】，回到 Join Data 窗口，单击"长沙市 2000 年土地利用"图层。

（19）使用识别工具。单击【工具条】->【Identify】，单击地图中的任一要素，弹出识别窗口，查看要素属性。

（20）在标准工具条上单击【Save】按钮，保存地图文档。

七、ArcCatalog 基础

注释栏：

启动 ArcCatalog 的方式有以下几种：
1. 双击桌面上的 ArcCatalog 快捷方式，启动。 2. 单击 Windows 任务栏的【开始】->【所有程序】->【ArcGIS】->【ArcCatalog 10.8】，启动。

（一）添加文件夹连接

（1）在 ArcMap 中使用目录窗口。单击【标准工具条】->【Catalog】，弹出 Catalog 窗口，拖放 Catalog 窗口，停靠在 ArcMap 右侧。

（2）隐藏目录窗口。在 Catalog 窗口，单击【Auto Hide】，可以自动隐藏窗口，需要使用时，可单击“Catalog”图标，弹出目录窗口。

（3）添加文件夹连接。在 Catalog 窗口，单击【Connect To Folder】，弹出 Connect To Folder 窗口，选择本节练习数据 data01 文件夹，单击【确定】。

（4）查看 Catalog 窗口，双击【Folder Connections】，新增“data01”连接。

（二）目录浏览与检索

（1）在 Catalog 窗口，双击【Folder Connections】。

（2）在 Catalog 窗口，单击【Toggle Contents Panel】，可以在“同时查看目录树和内容面板”“只查看面板”“只查看目录树”三者之间切换。显示“内容面板”，可以同时选择多个要素类，进行批量复制、删除、管理、导出等操作，而在“目录树”中，无法执行多项选择。

（3）在 Catalog 窗口，单击【后退】【前进】【向上一级】【转至默认工作目录文件夹】【转至默认地理数据库】按键，了解每种按键的用途。

（4）在 Catalog 窗口，可以直接打开内容。定位到【data01】->【ex01.mxd】，双击【ex01.mxd】，打开地图文档（会提示是否保存刚才的地图文档，选择【否】）。

（5）检索数据。单击【标准工具条】->【Windows】->【Search】，弹出 Search 窗口，拖放 Search 窗口，停靠在 ArcMap 右侧。

（6）在 Search 窗口，单击【Search Options】。

（7）弹出 Search Options 窗口，单击【Add】，选择“data01”文件夹连接，单击【Select】。

（8）单击【Index New Items】，开始创建索引，索引创建状态发生变化。

（9）单击【标准工具条】->【Save】，保存地图文档。

（三）数据格式转换与输出

（1）单击菜单【Geoprocessing】->【Geoprocessing Options】，弹出 Geoprocessing Options 窗口，取消勾选后台处理下的【Enable】。

（2）单击【OK】，关闭 Geoprocessing Options 窗口。

（3）从 Geodatabase 中导出单个 Shapefile。在 Catalog 窗口，选择【data01】->【CSX.gdb】->【cs_1990】，右键单击，选择【Export】->【To Shapefile (single)】。

（4）弹出 Feature Class to Feature Class 对话框，输入要素选择【cs_1990】，输出位置选择“data01”文件夹下的“result”文件夹，输出要素类名称为“土地利用.shp”，其他参数默认。

（5）单击【OK】，工具开始运行，待运行结束，查看“data01”文件夹下的“result”文件夹，新增“土地利用.shp”文件。

（6）右键单击【data01】，选择“CSX.gdb”下的任一要素类，单击【导出】，可以输出为 CAD、Coverage 以及地理数据库类型，您可以尝试一下输出为 CAD，文件存于“result”中，文件名为“cs_1990_ExportCAD”。

（7）单击 ArcMap 程序右上角的“☒”，关闭 ArcMap 应用程序。

第二章　空间数据采集

一、教学目的

（1）理解地理配准的基本原理及意义。

（2）学习地理配准常用的操作。

（3）掌握 ArcGIS 矢量化的基本操作、编辑器的使用。

二、教学准备

☞　软件准备：确保您的计算机中已经正确安装了 ArcGIS Desktop 10.8。

☞　实验数据：在路径 D:\chp02 下。

本章所涉及的实验数据介绍如下：

路径	数据名称	数据格式	说明
chp02\data01	行政边界及 Quanzhou City	Shapefile 格式	实验输入
	行政区划	地图文档文件	实验输出
	矢量化	地图文档文件	
chp02\data02	ArcMapEditing	地图文档文件	实验输入
	Bount、city、geology 和 road	Shapefile 格式	
	宗地	图层文件	追踪和附件
	Demo	Geodatabase 格式	
chp02\data03	DataBaseTopoUncheck	地图文档文件	实验输入
	拓扑规则	RUL 文件	
	Topo	Geodatabase 格式	
	矢量化	地图文档文件	

☞　预备知识：

（1）空间信息采集

空间信息采集是指将遥感影像、纸质地图、外业观测数据等不同来源的数据进行处理，使之成为 GIS 软件能够识别和分析的形式。矢量化是图形数据采集的一种形式，是把栅格数据转换成矢量数据的处理过程。矢量化通常要经过扫描、图像预处理、配准、数据分层、数字化等几个步骤。本章主要讲配准、数据分层、矢量化。

（2）地理配准

扫描得到的地图数据通常不包含空间参考信息，这就需要通过具有较高位置精度的控制点将这些数据匹配到用户指定的地理坐标系中，这个过程称为地理配准，即通过建立数学函数将栅格数据集（扫描后的图像）中各点的位置与标准空间参考中的已知地理坐标点的位置相连接，从而确定图像中任意一点的地理坐标。

第一节　空间数据数字化

温馨提示：本小节实验详细操作教学视频请扫描右侧二维码获取，视频名称为“第二章第一节　空间数据数字化”。

一、分层数字化

数字化就是把纸质的东西通过矢量化形成电子数据。矢量化作为图形数据采集的一种形式，是栅格数据转换成矢量数据的处理过程。数字化通常要经过扫描、图像预处理、配准、数据分层、矢量化等几个步骤。矢量化是手段，数字化是目的。

注释栏：

数据分层是当前 GIS 软件处理空间数据最基本的策略，数据分层过程中一般应遵循以下原则：
1. 不同类的要素分布在不同的图层，如河流、桥梁、公路、居民地等。 2. 不同几何形状的要素分布在不同的图层，如同为交通线的铁路与公路在不同图层，但同种类型、不同等级的地物宜放在同一图层，如不同等级的公路宜置于同一图层中，应用中可通过子类加以区分。 3. 不同时段的数据分布在不同的图层上。

二、新建 Shapefile

（1）打开 ArcMap 空白地图文档，点击【开始】->【所有程序】->【ArcGIS】->【ArcCatalog 10.8】，在 Connect To Folder 中连接到本章数据存储路径 D:\chp02，在此文件夹下有“data01”，鼠标右键点击“data01”文件，执行【New】->【Shapefile】，打开 New Shapefile 对话框，在对话框中，在 Name 项键入“水域”，Feature Type 选择【Polygon】，Description 坐标系保持为“Unknown Coordinate System”，点击【OK】。

（2）用同样的方式再创建新的 Point 要素图层“城市”和 Polyline 要素类“行政边界”，坐标系均为“Unknown Coordinate System”。

（3）在一个空白地图文档中，将新建的要素类“行政边界”和栅格图“Quanzhou City”从目录中拖到地图窗口中，保存地图文档“行政区划.mxd”。

（4）在一个空白地图文档中，将要素类“城市”“行政边界”“Quanzhou City”影像从目录中拖到地图窗口中，并保存地图文档“矢量化.mxd”。

（5）在后面的编辑中，要注意及时对编辑内容和地图文档进行保存。

三、输入、编辑线要素

ArcMap 中每个线要素都由拐点坐标控制，节点分 3 种：起节点、中间节点、终节点，线要素的输入就是输入节点。

线的矢量化要求将线条放大到合适的宽度，将栅格图像中线条的整体走势进行矢量化，而且尽量使线条平滑，矢量化过程中通常会用到捕捉工具来捕捉节点。

（1）打开地图文档“行政区划.mxd”。

（2）执行 ArcMap 菜单【Customize】->【Toolbars】，勾选【Editor】工具，则 Editor 工具条会加载到地图文档窗口中，鼠标在编辑器工具栏的每个工具上停留，可以看到该工具的用途提示。

（3）点击【Editor】按钮，在下拉菜单中单击【Start Editing】，菜单栏中的工具会由“灰”（不可用）变“亮”（可用、可操作），点此工具就会打开 Create Features 对话框，单击【行政边界】，Construction Tools 中会出现构造线要素的工具。

（一）输入线要素的基本工具

（1）在 Create Features 对话框，点击工具，表示开始输入线要素，此时，可

见到 Editor 工具条，在地图窗口中，光标变成了“十”字，第一次单击鼠标左键，就输入了一条线段的起始节点，此时，窗口中会出现“要素构造”工具条，默认使用的是（直线段）工具，再单击鼠标，就输入该线的中间节点，双击鼠标左键输入终节点，即完成一条线段的输入。

（2）（弧段）工具，用于输入线要素的圆弧段。在输入新的线要素时，若希望输入圆弧段，先选取（弧段）工具，然后在屏幕上确定圆弧段的第一个点，单击鼠标左键，再分别单击鼠标左键两次确定圆弧第二个点和终点，利用三个点来实现弧段的输入。

（3）（端点弧段）工具，与（弧段）工具的区别是前者中点是红色，后者起点是红色，而且输入次序不同。（端点弧段）工具必须先输入圆弧的起点和终点，再指定圆弧中间的某一点，从而确定这三点所控制的圆弧线。也可以在已知圆弧的起点、终点和圆弧半径的情况下，再用圆弧半径来确定圆弧：先单击鼠标左键确定圆弧起点，再单击确定终点，在键盘上按下 R 键，会出现一个对话框，输入圆弧半径，回车确认，就可以完成一段圆弧的输入。

（二）绘图工具的环境菜单

在线要素定位前，单击鼠标右键，会弹出绘图工具的环境菜单。

（三）线要素删除与恢复

使用（Edit Tool）可以选中线要素，按 Delete 键，即可删除该要素。单击主菜单上的按钮，可以恢复被删除的要素。

（四）设置捕捉环境

利用捕捉，可以保证定位准确、要素之间相互连接。

（1）点击【Editor】按钮，在下拉菜单中单击【Snapping】->【Options】，会打开 Snapping Options 对话框，在此设置捕捉距离。在下拉菜单中单击【Snapping】->【Snapping Toolbar】，会加载捕捉工具条。

（2）预先设置的捕捉方式有：“Intersection Snapping”“Midpoint Snapping”“Tangent Snapping”。可用鼠标勾选其中一项或多项。

（3）即时捕捉。光标位于需要捕捉的位置上，用光标上的蓝色小圆圈覆盖住需要捕捉的要素，按鼠标右键，弹出绘图环境菜单，选择【Snap To Feature】，要素分四种：端点、折点、中点、边。松开鼠标右键，下一步就可以准确捕捉。

（五）线要素形状的几何修正

编辑完成的某条线段，可以通过改变拐点来改变线段形状。

（1）移动拐点

使用 （Edit Tool）选中线要素后，再双击该线要素，或点击编辑器工具条上的 工具，可以看到所有节点、拐点显示出小方块。将光标移动到要调整的拐点处，按住左键不放，调整位置后松开左键即可。移动拐点时，单击鼠标的右键，在弹出的快捷菜单中选择【Move To】，可以在弹出的对话框中输入坐标值，将拐点移动到指定的坐标位置。如果在弹出的快捷菜单中选择【Move】，可以在弹出的对话框中输入相对坐标值，实现拐点相对位置的精确移动。

（2）删除拐点

按上述操作，使拐点进入调整状态，光标移动到某拐点，单击鼠标右键，执行 Delete Vertex 命令即可。

（3）增加拐点

按上述操作，使拐点进入调整状态，光标移动到线段的某部分，单击鼠标右键，执行 Insert Vertex 命令，即为线段插入一个拐点。

（六）线要素的属性记录

在 Editor 工具条上单击 （Attributes）图标，可以打开属性编辑窗口，显示该要素的各属性字段，其 Id 栏下的属性内容都可以修改。当打开编辑完成的要素类的属性表时，可以添加字段“长度”，利用“计算几何”命令可计算出各个线要素的长度。

四、输入、编辑面要素

面的矢量化较复杂，因为面的矢量化过程中要正确处理拓扑关系，要考虑空间数据采集的是简单数据结构还是拓扑数据结构，然后再考虑不同面实体之间的拓扑关系。

五、输入、编辑点要素

（1）重新打开“矢量化.mxd”文件，执行 ArcMap 菜单【Customize】->【Toolbars】，勾选【Editor】工具，则 Editor 工具栏被加载到“矢量化.mxd”地图文档窗口中。

（2）点击【Editor】->【Start Editing】，再点击 Editor 菜单栏中的 工具打开 Create Features 框。

（3）在 Create Features 框中，点击“城市”后，再在 Construction Tools 框单击 按钮，可以在“Quanzhou City”图像上进行点要素的输入。此时如果“Quanzhou City”图像没有在 ArcMap 中出现，则右键单击“Quanzhou City”图像文件，选择【Zoom To Layer】。

第二节　空间数据编辑

温馨提示：本小节实验详细操作教学视频请扫描右侧二维码获取，视频名称为“第二章第二节　空间数据编辑”。

一、管理要素模板

（1）启动 ArcMap，新建空白地图文档。

（2）打开 Catalog 窗口，定位到【chp02\data02】->【ArcMapEditing.mxd】，将它拖进 ArcMap 中显示，或双击打开。

注释栏：

打开 ArcMapEditing.mxd 出现红色感叹号，解决方案如下：
当用户完成地图文档的操作后，为了避免由于绝对路径的改变而导致在地图文档打开后无法显示地图数据的情况，通常将数据文档数据源的路径设置为相对路径，设置方法如下：点击主菜单上的【File】->【Map Document Properties】，打开地图文档属性框，点击“Store relative pathnames to data sources”的复选框，确定。 然后双击 road 旁边的红色叹号，出现 Set Data Source 对话框，找到数据所在位置，选择“road.shp”，点击【Add】即可。或者右键点击【road】后，在出现对话栏中选择【Data】->【Repair Data Source】，然后就出现 Set Data Source 对话框，找到数据所在位置，选择“road.shp”。

（3）从 data02 中加入“city.shp”数据，再设置编辑选项。单击【Customize】->【Toolbars】->【Editor】。

（4）单击【Editor】->【Options】，弹出 Editing Options 窗口，“Stick move tolerance”

设置为 30pixels，勾选【Use symbolized feature during editing】，其他默认。

（5）单击【确定】，关闭 Editing Options 窗口。

（6）开启编辑会话。单击【Editor】->【Start Editing】。

（7）单击编辑器工具条上的【Create Features】（创建要素）工具，弹出 Create Features 窗口，ArcMap 会自动读取内容列表中的图层，为用户创建要素模板。

二、创建新要素

（1）单击【Editor】->【Start Editing】，开启编辑会话。

（2）使用捕捉设置。单击【Editor】->【Snapping】->【Snapping Toolbar】，弹出 Snapping 工具条，单击选中 4 种捕捉中的一种。

（3）设置捕捉选项。单击【Snapping】->【Options】，弹出“Snapping Options”，设置容差（Tolerance）为 10pixels，捕捉提示（Snap Tips）勾选【Show Tips】【Layer Name】【Snap Type】，点击【OK】。

（4）设置图层可选择性。单击切换是否可选，设置 city、road、geology 图层可选，bount 图层不可选。

（5）使用要素模板创建新要素。单击编辑器工具条上的【Create Features】，打开 Create Features 窗口。

（6）创建道路网。在 Create Features 窗口，选择“Road”模板，选择构造工具【Line】，在新 road 处绘制一条线，双击结束，线呈闭合状。

（7）创建界址点。在 Create Features 窗口，选择“City”模板，选择构造工具【Point】，在新点处绘制一点，要求点捕捉线的端点。

（8）创建 geology。在“创建要素”窗口，选择“Geology”模板，选择构造工具【Polygon】，在 geology 处绘制面，要求面边界与线重合，再双击结束。

（9）单击【Editor】->【Save Edits】，保存编辑内容。

（10）使用编辑草图。在 Editor 工具条上点击【Edit Tool】，双击新建面，出现 Edit Vertices 窗口，单击 （Sketch Properties）工具，弹出 Edit Sketch Properties 窗口。

（11）在 Edit Sketch Properties 窗口，定位到某个点，可以精确修改点坐标值。

（12）右键单击 Edit Sketch Properties 窗口中某一点的记录，单击可以缩放至节点。编辑结束时，单击【Finish Sketch】。

（13）编辑要素属性。在 Editor 工具条上点击【Edit Tool】，单击 （Attributes）工

具，弹出 Attributes 窗口，直接编辑属性内容。

（14）复制要素属性至新要素。在地图窗口，使用“Edit Tool”选择其他带有属性的面要素，在 Attributes 窗口，右键单击面要素，选择【Copy Attributes】。

（15）使用“Edit Tool”选择新建面要素，在 Attributes 窗口右键单击面要素，选择【Paste Attributes】，属性字段内容被复制到新要素。

（16）单击【Editor】->【Save Edits】，保存编辑内容。

（17）单击【Editor】->【Stop Editing】，停止编辑会话。

（18）单击标准工具条中【File】->【Save】，保存地图文档。

三、编辑现有要素

（1）单击 Editor 工具条->【Start Editing】，开启编辑会话。

（2）单击 Editor 工具条->【Edit Tool】，双击某一要素。

（3）弹出 Edit Vertices 工具条，可以使用 Modify Sketch Vertices 工具移动折点，使用 Add Vertex 工具增加折点，使用 Delete Vertex 工具移除折点。

（4）复制、粘贴要素。单击 Editor 工具条->【Edit Tool】，右键单击某一面要素，选择【Copy】。

（5）右键单击地图窗口，选择【Paste】，选择目标图层，如果目标是“road”，geology 要素将转换为线要素，粘贴至“road”。如果目标是“geology”，将粘贴为面要素，您可以尝试选择两种目标，查看不同的效果。

（6）单击 Editor 工具条->【Save Edits】，保存编辑内容。

（7）使用延伸线工具。单击 Editor 工具条->【Create Features】，打开 Create Features 窗口，选择“Road”模板，选择【Line】构造工具，在地图空白处绘制一条线，双击结束。

（8）单击 Editor 工具条->【Edit Tool】，双击该线要素。

（9）弹出 Edit Vertices 工具条，选择【Continue Feature Tool】工具，继续绘制该线要素。

（10）使用修整面工具。单击 Editor 工具条->【Edit Tool】，选择某一面要素。

（11）单击（Reshape Feature Tool）工具，对选中的面要素进行修饰，双击结束。

（12）使用分割面工具。单击 Editor 工具条->【Edit Tool】，选择某一面要素。

（13）单击（Cut Polygons Tool）工具，对选中的面要素进行分割，双击结束。

（14）使用合并面。单击 Editor 工具条->【Edit Tool】，按住 Shift 键的同时，选择两个相邻的面要素。

（15）单击 Editor 工具条->【Merge】。

（16）弹出 Merge 窗口，设定合并要素，单击【OK】，完成合并。

（17）单击 Editor 工具条->【Save Edits】，保存编辑内容。

（18）使用地图拓扑编辑现有要素。单击菜单【Customize】->【Toolbars】，选择【Topology】。

（19）创建地图拓扑。在 Topology 工具条上，单击 （Select Topology）工具。

（20）弹出 Select Topology 窗口，为点、线、面要素构建地图拓扑，勾选【City】【Bount】【Road】【Geology】，拓扑容差（Cluster Tolerance）设置为 0.001 米。

（21）单击【OK】，关闭 Select Topology 窗口。

（22）编辑共享边。单击 Topology 工具条->【Topology Edit Tool】，选择面要素的共享边。

（23）单击 Topology 工具条->【Shared Features】，弹出 Shared Features 窗口，查看共享边的要素。

（24）单击 Topology 工具条->【Modify Edge】，弹出 Edit Vertices 工具条，修改共享边。

（25）单击 Topology 工具条->【Reshape Edge Tool】，修改共享边。步骤（24）（25）都是对两个面之间共享边进行修改。

（26）对齐边。单击 Topology 工具条->【Align Edge Tool】，单击一侧边，鼠标移动到要对齐的另一侧边，再次单击，边界对齐。

（27）单击 Editor 工具条->【Save Edits】，保存编辑内容。

（28）单击 Editor 工具条->【Stop Editing】，结束编辑会话。

（29）单击标准工具条上的【File】->【Save】，保存地图文档。

四、编辑地理数据库注记

（1）本练习中，需要生成地理数据库注记，然后编辑地理数据库注记。

（2）首先移除 city 点等图层，添加带有标注的宗地图层。在内容列表中，右键单击所有图层，选择【Remove】。

（3）打开 Catalog 窗口，定位到【追踪和附件】->【宗地.lyr】，将它拖入 ArcMap 中。

（4）地理数据库注记是与地图比例尺相关联的，所以要先设定导出的地图比例尺，然后才能生成该比例尺下的注记。单击标准工具条的比例尺栏，输入“1∶2500”，单击回车

（Enter 键）。

（5）将宗地图层的标注转换为地理数据库注记。在内容列表，右键单击“宗地”图层，选择【Convert Labels To Annotation】，弹出 Convert Labels To Annotation 窗口，在 Store Annotation 中勾选【In A Database】，“Reference Scale”设置为 1：2500，“Create Annotation For”中勾选【All Features】，并勾选 Feature Linked 下面的“□”，最后勾选【Convert Unplaced Labels To Unplaced Annotation】。

（6）单击【Convert】，查看内容列表，自动添加“宗地 Anno2”图层。

（7）缩放到编辑地理数据库注记范围。

（8）单击 Editor 工具条->【Start Editing】，出现一个对话框，选择“宗地 Anno2”后，点击【Continue】按钮。

（9）调整注记位置。单击 Editor 工具条-> （Editor Annotation Tool）工具，选择注记要素，拖动鼠标移动其位置。

（10）调整注记样式。单击 Editor 工具条-> （Editor Annotation Tool）工具，双击注记要素，弹出 Attributes（属性）窗口，修改注记样式。

（11）删除注记。单击 Editor 工具条-> （Editor Annotation Tool）工具，选择注记要素，右键单击，选择【Delete】。

（12）单击 Editor 工具条->【Save Edits】，保存编辑内容。

（13）单击 Editor 工具条->【Stop Editing】，结束编辑会话。

（14）单击标准工具条中的【File】->【Save】，保存地图文档。

（15）单击 ArcMap 程序右上角“☒”关闭程序。

第三节　拓扑处理

温馨提示：本小节实验详细操作教学视频请扫描右侧二维码获取，视频名称为“第二章第三节　拓扑处理”。

一、创建地理数据库拓扑

（1）打开 Catalog 窗口，定位到【data03】->【DataBaseTopoUncheck.mxd】，将它拖拽

到 ArcMap 中来（数据拖拽进来后，如果出现惊叹号表示需要修复，可按前述方法操作）。

（2）创建地理数据库拓扑。定位到【data03】->【Topo.gdb】->【Quanzhou】，右键单击，选择【New】->【Topology】。

（3）弹出 New Topology 向导，单击【下一步】，输入拓扑名称“Quanzhou_Topology”，容差设为 0.001 米。

（4）单击【下一步】，勾选参与到拓扑中的要素类，包括【City】【Boundary】【Road】【Geology】，单击【下一步】，输入“5”，单击【下一步】。

（5）单击【Add Rule】，弹出 Add Rule 窗口，“Feature of feature class”为“city”，“Rule”为“Must Be Covered By Boundary Of”，“Feature class”为“geology”。“Must Be Covered By Boundary Of”设置为 city 必须在 geology 的边界内（此条件为假定如此）。

（6）单击【OK】，再次单击【Add Rule】，继续根据情况添加 1~2 个规则。

（7）单击【Save Rules】，可将规则导出为文件，用于共享。下次单击【Load Rules】，可以导入规则文件。

（8）单击【下一步】，单击【Finish】按钮，开始创建拓扑。

（9）待拓扑构建结束，弹出是否验证拓扑，选择【Yes】（也可以选择【No】，通过右键拓扑，选择【Validate】）。

（10）待验证结束，新建拓扑完成。定位到【data03】->【Topo.gdb】->【Quanzhou】->【Quanzhou_Topology】，右键单击，选择【Properties】。

（11）弹出 Topology Properties 窗口，可通过常规、要素类、规则、错误页，修改拓扑属性。在 Errors 页，单击【Generate Summary】，可以查看错误、异常统计。

（12）单击【确定】，关闭 Topology Properties 窗口。

二、检查数据问题

（1）将拓扑添加到地图。在 Catalog 窗口，定位到【data03】->【Topo.gdb】->【Quanzhou】->【Quanzhou_Topology】，单击【Quanzhou_Topology】拖放至地图窗口，弹出提示，单击【否】，不添加相关要素类。

（2）查看内容列表和地图。

（3）检查数据问题。单击菜单的【Customize】->【Toolbars】，选择【Editor】和【Topology】。

（4）单击 Editor 工具条->【Start Editing】，开始编辑会话。

（5）单击 Topology 工具条->（Error Inspector）工具，打开拓扑错误检查器。

（6）弹出 Error Inspector 窗口，拖放窗口停靠在 ArcMap 下端。

（7）在 Error Inspector 窗口，选择【Errors from all rules】，单击【Search Now】。

（8）显示错误。

（9）选择其他显示规则，单击【Search Now】。

（10）在 Error Inspector 窗口，右键单击错误记录，选择【Zoom To】或【Pan To】，定位错误要素。

三、修正数据问题

（1）单击标准工具条上的【Full Extent】，将界面缩放至全图。

（2）单击 Editor 工具条->【Snapping】->【Snapping Toolbar】，弹出 Snapping 工具条，单击选中 4 种捕捉类型。

（3）设置捕捉选项。单击 Snapping 工具条->【Options】，弹出 Snapping Options 窗口，设置容差、捕捉提示等参数。

（4）设置图层可选择性。点击图层单击切换是否可选，设置“geology”为唯一可选图层，其他图层都不可选。

（5）在 Error Inspector 窗口，取消勾选【Visible Extent Only】，选择【

】，单击【Search Now】。

（6）在 Error Inspector 窗口，右键单击某一错误记录，选择【Zoom To】，再次右键单击该错误记录，选择【Show Rule Description】，了解错误详情。

（7）单击 Editor 工具条->【Edit Tool】，选择错误的面图层，单击标准工具条上的【Delete】。

（8）在 Error Inspector 窗口，右键单击其他错误记录，选择【Zoom To】，删除错误的点，直至所有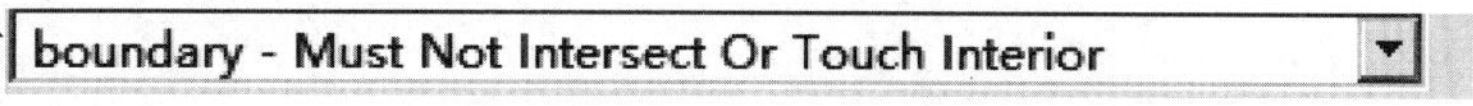

错误都被修正。

（9）单击 Editor 工具条->【Save Edits】，保存编辑内容。

四、验证地理数据库拓扑

（1）单击标准工具条上的【Full Extent】，将界面缩放至全图。

（2）单击 Topology 工具条->【Validate Topology In Current Extent】，弹出验证错误窗口，验证结束后窗口自动关闭。如果有错误，“Error Inspector”会列出。如果没有错误，不显示记录。

（3）单击 Editor 工具条->【Stop Editing】，结束编辑会话。

（4）单击标准工具条上的【File】->【Save】，保存地图文档。

（5）本节练习已完成，单击 ArcMap 程序右上角“⊠”关闭。

第三章　空间数据库的组织与管理

一、教学目的

（1）了解 ArcCatalog 是如何对数据库进行管理的。

（2）熟悉属性表的操作。

（3）掌握地理数据库的基本操作。

二、教学准备

☞　软件准备：确保您的计算机中已经正确安装了 ArcGIS Desktop 10.8。

☞　实验数据：在路径 D:\chp03 下。

本章所涉及的实验数据介绍如下：

路径	数据名称	数据格式	说明
chp03\data01	Point、Line 和 Polygon	Shapefile 格式	实验输出
	data	Geodatabase 格式	实验输入
	geology	Shapefile 格式	实验输入

☞　预备知识：

地理数据库（Geodatabase）是一种面向对象的空间数据模型，它对于地理空间特征的表达更接近我们对现实世界的认识。地理数据库在一个公共模型框架下，对 GIS 处理和表达的空间特征进行统一描述和存储。

第一节 Shapefile 文件的创建与管理

温馨提示：本小节实验详细操作教学视频请扫描右侧二维码获取，视频名称为“第三章第一节 Shapefile 文件的创建与管理”。

一、新建 Shapefile 文件

（1）点击【开始】->【ArcGIS】->【ArcCatalog 10.8】，启动 ArcCatalog。

（2）添加文件夹连接。在标准工具栏上单击（Connect To Folder）按钮，弹出 Connect To Folder 窗口，选择本节练习数据“chp03”文件夹，单击【确定】。

（3）右击目录树上的【chp03】，点击【New】->【Shapefile】。

（4）弹出 Create New Shapefile 窗口，输入名称“Point”，要素类型选择【Point】，单击【Edit】，弹出 Spatial Reference Properties 框，在框中选择【Geographic Coordinate Systems】->【World】->【WGS 1984】，单击【确定】。

（5）单击【OK】，查看“chp03”目录下已存在的新增“Point.shp”文件。

（6）重复步骤（3）～（5），新建“Line.shp”和“Polygon.shp”，分别对应折线和面。

（7）删除 Shapefile 文件。右键单击【Polygon.shp】，选择【Delete】，弹出警告窗口，单击【是】，删除“Polygon.shp”文件。还可以执行重命名、创建图层、导出等操作。

二、编辑 Shapefile 属性

（1）定位到【chp03】->【Point.shp】，右键单击，选择【Properties】。

（2）弹出 Shapefile Properties 窗口，切换到 XY Coordinate System 页，可以改变 Shapefile 的坐标系，选择【Geographic Coordinate Systems】->【Asia】->【China Geodetic Coordinate System 2000】，单击【应用】。

（3）切换到 Fields 页，添加新的字段。在字段列表的空白行，单击字段名，输入【Text】，数据类型选择【Text】，字段长度为“100”，单击【应用】。

（4）切换到 Feature Extent 页，可以限定输入要素的范围。单击【Import】，选择【chp03】->【data01】->【Topo.gdb】->【Quanzhou】->【boundry】，单击【Add】。

（5）单击【确定】，关闭 Shapefile Properties 窗口。

（6）本节练习已完成，您可以关闭 ArcCatalog 应用程序，单击 ArcCatalog 程序右上角“☒”关闭即可。

注释栏：

Shapefile 文件的创建：

1. Shapefile 文件是 ESRI 研发的工业标准的矢量数据文件。

2. 完整的 Shapefile 文件至少包括 3 个文件：一个主文件（*.shp）、一个索引文件（*.shx）和一个 dBase 表文件（*.dbf）。

*.shp——存储地理要素的几何图形的文件。

*.shx——存储图形要素与属性信息索引的文件。

*.dbf——存储要素属性信息的 dBase 表文件。

Shapefile 文件并不存储拓扑关系、投影信息和地理实体的符号化信息，仅仅存储空间数据的几何特征和属性信息。

第二节　Geodatabase 数据库创建及管理

温馨提示：本小节实验详细操作教学视频请扫描右侧二维码获取，视频名称为“第三章第二节　Geodatabase 数据库创建及管理”。

一、创建 Geodatabase

（1）启动 ArcCatalog。

（2）在 Catalog Tree 窗口，定位到“chp03\data02”，右键单击，选择【New】->【File Geodatabase】，生成“New File Geodatabase.gdb”，在 Catalog Tree 下的“New File Geodatabase.gdb”上右键单击选择【Rename】，将其重命名为“文件 GDB.gdb”。

注释栏：

Geodatabase 数据模型的优点：
1. Geodatabase 数据模型是地理数据统一存储的仓库，所有数据都能在统一数据库存储和管理。 2. 数据输入和编辑更加准确。 3. 更为直观地处理数据模型，包含与用户数据模型相对应的数据对象。 4. 要素具有丰富的关联环境。 5. 可制作蕴含丰富信息的地图。 6. 在地图显示中，要素是动态的。 7. 更形象地定义要素形状。 8. 要素都是连续无缝的。 9. 可多用户并行编辑地图数据。

（3）定位到【data02】，右键单击，选择【New】->【Personal Geodatabase】，生成“New Personal Geodatabase.mdb”，在 Catalog Tree 下的“New Personal Geodatabase.mdb”上右键单击选择【Rename】，将其重命名为“个人 GDB.mdb”（注意后缀的不同：一个是.gdb，一个是.mdb）。

（4）选择【个人 GDB.mdb】或【文件 GDB.gdb】，右键单击，可以复制、粘贴、删除、重命名、刷新地理数据库，还可将选中的地理数据库设为默认地理数据库，以及执行新建、导入、导出等一系列操作。

注释栏：

Geodatabase 文件的创建：
在 ArcGIS 中，可以采用三种方式来创建地理数据库： 1. 设计并新建一个空的地理数据库。 2. 复制并修改现有地理数据库，随后向复制的地理数据库中加载数据集。 3. 创建完全复制于现有地理数据库的地理数据库。

二、创建矢量数据、栅格数据

（1）本节练习将调用地理处理工具，为方便查看运行结果，关闭工具的后台处理选项。在 ArcCatalog 里，单击菜单上的【Geoprocessing】->【Geoprocessing Options】，弹出 Geoprocessing Options 窗口，取消勾选后台处理（Background Processing）下的【Enable】

（启用），单击【OK】，关闭窗口（在运行 ArcMap 时软件经常突然关闭，需要这样操作才可以避免这一情况）。

（2）新建要素类。在 Catalog Tree 窗口，定位到【chp03】->【data02】->【文件 GDB.gdb】，右键单击，选择【New】->【Feature Class】。

（3）弹出 New Feature Class 窗口，Name（名称）设置为“Cities”，Alias（别名）为“市名”，“Type of features stored in this feature class”选择【Point Features】。

（4）单击【下一步】，设置坐标系，单击（Add Coordinate System）工具->【Import】，弹出 Browse for Datasets or Coordinate Systems 窗口，选择【chp03】->【data01】->【Topo.gdb】->【Quanzhou】->【city】。

（5）单击【Add】，单击【下一步】，输入 XY Tolerance（XY 容差），为 0.001 米。

（6）单击【下一步】，使用默认设置。

（7）单击【下一步】，设置字段信息。可以逐个输入字段名、字段类型、字段属性，也可以通过导入，引用某个要素类的字段设置，本练习使用导入方式。单击【Import】，弹出 Browse for table/feature class 窗口，选择【chp03】->【data01】->【Topo.gdb】->【Quanzhou】->【city】，单击【Add】。

（8）单击【Finish】，查看“文件 GDB.gdb”。

（9）新建要素数据集。定位到【chp03】->【文件 GDB.gdb】，单击右键，选择【New】->【Feature Dataset】。

（10）弹出 New Feature Dataset 窗口，输入 Name（名称）为“泉州数据集”。

（11）单击【下一步】，设置坐标系，单击（Add Coordinate System）工具->【Import】，弹出 Browse for Datasets or Coordinate Systems 窗口，选择【chp03】->【data01】->【Topo.gdb】->【Quanzhou】。

（12）单击【Add】，单击【下一步】，选择【Vertical Coordinate Systems】->【Gravity-related】->【Asia】->【Yellow Sea 1985】。

（13）单击【下一步】，输入 XY Tolerance（XY 容差）、Z Tolerance（Z 容差）、M Tolerance（M 容差），均为 0.001 米。

（14）单击【Finish】，查看“文件 GDB.gdb”，新增“泉州数据集”。

（15）在泉州数据集下新建要素类。右键单击【泉州数据集】，选择【New】->【New Feature Class】。

（16）弹出 New Feature Class 窗口，输入 Name（名称）为“地质构造图”，Alias（别

名）为“geology”，“Type of features stored in this feature class”选择【Polygon Features】。

（17）单击【下一步】，使用默认设置。

（18）单击【下一步】，设置字段信息。单击【Import】，弹出 Browse For Table/Feature Class 窗口，选择【chp03】->【data01】->【Topo.gdb】->【Quanzhou】->【geology】，单击【Add】。

（19）查看字段列表。

（20）单击【Finish】，查看“文件 GDB.gdb”。

（21）向要素类中导入数据。定位到【文件 GDB.gdb】->【泉州数据集】->【地质构造图】，右键单击，选择【Load】->【Load Data】。

（22）弹出 Simple Data Loader 窗口，单击【下一步】，单击（Browse），选择【chp03】->【data01】->【Topo.gdb】->【Quanzhou】->【geology】，单击【Open】。

（23）单击【Add】，再单击【下一步】。

（24）单击【下一步】，设置“Target Field”和“Matching Source Field”的匹配关系。

（25）单击【下一步】，选择【Load All of the Source Data】。

（26）单击【下一步】，直至完成。待加载过程结束，添加“地质构造图”要素类至 ArcMap 中，查看图形要素及属性。

（27）导入栅格数据集。定位到【chp03】->【文件 GDB.gdb】，右键单击，选择【Import】->【Raster Datasets】。

（28）弹出 Raster to Geodatabase(multiple)工具，单击【Input Raster】旁的（Browse），选择【chp03】->【geology.tif】，单击【Add】。

（29）单击【OK】，待工具运行结束，查看“文件 GDB.gdb”中新增的“geology”。

（30）右键单击“文件 GDB.gdb”下的【栅格数据集】【要素类】【要素数据集】，可以执行复制、删除、重命名、创建图层、加载、导出等操作。

（31）本节练习已完成，单击 ArcCatalog 程序右上角“☒”关闭。

第四章　空间参考与投影变换

一、教学目的

（1）理解空间参考和空间投影的基本原理。

（2）学习投影变换预处理、投影变换的操作。

（3）对遇到的投影问题可以进行有效解决。

二、教学准备

☞　软件准备：确保您的计算机中已经正确安装了 ArcGIS Desktop 10.8 软件。

☞　实验数据：在路径 D:\chp04 下。

本章所涉及的实验数据介绍如下：

路径	数据名称	数据格式	说明
chp04\data01	Data	Geodatabase 格式	实验输入
	BjProject	PRJ 文件	实验结果/输入
chp04\data02	Prodata	Geodatabase 格式	实验输入
	Project	mxd	实验结果

☞　预备知识：

空间参考：空间参考是用于存储要素类和栅格数据集坐标属性的坐标系。

大地坐标系：椭球体与地球表面定位后（即大地基准确定后），就可以划分经线和纬线，形成以经纬度为单位的大地坐标系。

投影坐标系：投影坐标系始终基于地理坐标系，大地坐标系是一个不可展的曲面，在实际工作中，需要将坐标系统由曲面转换为平面，并将坐标值单位由度转换为米等长度单位，投影后平面的、以米为单位的坐标系统称为投影坐标系统。我国现行的大于 1∶50 万比例尺的各种地形图都采用高斯-克吕格投影。

第一节 ArcGIS 空间参考

温馨提示：本小节实验详细操作教学视频请扫描右侧二维码获取，视频名称为“第四章第一节 ArcGIS 空间参考”。

一、新建坐标系

（1）启动 ArcMap，新建空白地图文档。

（2）打开“目录”窗口。单击【Windows】->【Catalog】，弹出 Catalog 窗口，拖放 Catalog 窗口，停靠在 ArcMap 右侧。

（3）添加文件夹连接。在 Catalog 窗口，单击 （Connect To Folder）按钮，弹出 Connect To Folder 窗口，选择本节练习数据“chp04”文件夹，单击【确定】。

（4）新建投影坐标系。在内容列表中，右键单击 Layers 数据框，选择【Properties】。

（5）弹出 Data Frame Properties 窗口，切换到 Coordinate System 页，单击 （Add Coordinate System）按钮下拉菜单选择【New】->【Projected Coordinate System】。

（6）弹出 New Projected Coordinate System 窗口，输入“Name”为“Project”，“Projection Name”选择【Gauss_Kruger】，“Linear Unit Name”选择【Meter】，“Meters per unit”设为“1”。

（7）单击【Change】，弹出 Spatial Reference Properties 窗口，选择【Geographic Coordinate Systems】->【Asia】->【Beijing 1954】。

（8）单击【确定】，回到 New Projected Coordinate System 窗口。

（9）单击【确定】，坐标系创建成功，在 Coordinate System 页新增【Custom】->【Project】。

（10）右键单击【Project】，选择【Save As】，可以将坐标系存储为坐标文件（后缀为.prj，可在其他 ArcGIS 系统中使用），存储位置选择【chp04】，文件名为“BjProject.prj”。

（11）单击【Save】，回到 Data Frame Properties 窗口，单击【取消】，关闭【Data Frame

Properties】，数据框坐标系仍为“No Coordinate System”。

二、使用导入空间参考

（1）在“data.gdb”下创建要素类，熟悉空间参考的使用。在 Catalog 窗口，定位到【data01】->【data.gdb】，右键单击，选择【New】->【Feature Class】。

（2）弹出 New Feature Class 窗口，“Name”后输入名称“Point”，“Alias”后输入别名为“点”，“Type”选择【Point Features】。

（3）单击【下一步】，设置投影坐标系，单击【Add Coordinate System】->【Import】，弹出 Browse for Datasets or Coordinate Systems 框，选择【data01】->【result】->【BjProject.prj】。

（4）单击【下一步】，输入 XY 容差为 0.001 米。

（5）单击【下一步】，使用默认设置。

（6）单击【下一步】，使用默认字段，再单击【Finish】，查看“data.gdb”，新增“Point”要素类。

三、查看和修改坐标系

（1）在 Catalog 窗口，定位到【data01】->【data.gdb】->【Point】，右键单击，选择【Properties】，弹出 Feature Class Properties 窗口，切换到 XY Coordinate System 页，查看要素类当前的坐标系。

（2）修改坐标系。在坐标系列表中，右键单击【BjProject】，选择【Copy and Modify】，弹出 Projected Coordinate System Properties 窗口。

（3）输入名称“GCS_Xian”，其他参数不变（可以根据需要修改参数），单击【确定】。

（4）单击【确定】，即成功修改要素类的坐标系。

（5）单击【取消】，关闭 Feature Class Properties 窗口。

（6）本节练习已完成，单击 ArcMap 程序右上角“区”退出程序。

第二节　投影问题处理

温馨提示：本小节实验详细操作教学视频请扫描右侧二维码获取，视频名称为“第四章第二节　投影问题处理”。

一、定义坐标系

（1）启动 ArcMap，新建空白地图文档。

（2）打开 Catalog 窗口，停靠在 ArcMap 右侧。

（3）在 Catalog 窗口，定位到【data02】->【Prodata.gdb】->【Project.mxd】，双击打开。如果在 Catalog 窗口找不到，可点击【File】->【Open】，在 chp04 目录下 data02 中找到 Project.mxd，双击打开。

（4）在 Catalog 窗口，定位到【data02】->【Prodata.gdb】->【road】，拖拽“road”至地图窗口，弹出“Unknown Spatial Reference”，说明 road 要素类的坐标系未知。本练习中，“主要公路”要素类没有定义坐标系，其正确的坐标系应与 city 要素类一样，为“WGS_1984_UTM_Zone_50N”（这是一种自定义投影坐标系）。

（5）单击【OK】，关闭警告窗口。在内容列表新增 road 图层。

（6）使用定义投影工具，为 road 要素类定义坐标系。在标准工具条上点击【ArcToolbox】，打开 ArcToolbox 窗口，停靠在 ArcMap 右侧。

（7）选择【ArcToolbox】->【Data Management Tools】->【Projections and Transforms】->【Define Projection】工具，双击打开，单击【Browse】，选择【chp04\data02】->【Prodata.gdb】->【road】。

（8）可以看到 road 要素类的坐标系为“Unknown”（未知）。

（9）单击 Coordinate System 栏下的按钮，弹出 Spatial Reference Properties 窗口，单击【Add Coordinate Systems】->【Import】，弹出 Browse for Datasets or Coordinate Systems 窗口，选择【data02】->【Prodata.gdb】->【geology】，单击【Add】，单击【确定】，关闭 Spatial Reference Properties 窗口。

（10）回到 Define Projection 工具，“Input Dataset or Feature Class”设置为“D:\chp04\

data02\Prodata.gdb\road”，“Coordinate System” 设置为 “WGS_1984_UTM_Zone_50N”。

（11）单击【OK】，开始运行 Define Projection 工具，待运行结束，完成坐标系定义。

（12）回到 Catalog 窗口，右键单击 road 要素类，选择【Properties】，切换到 XY Coordinate System 页，查看当前坐标系。

（13）在标准工具条上单击【File】->【Save】，保存地图文档。

二、使用动态投影

（1）在 ArcMap 中，打开内容列表，右键单击 Layers 数据框，选择【Properties】，切换到 Coordinate System 页，查看当前数据框使用的坐标系为 “WGS_1984_UTM_Zone_50N”。

（2）单击【取消】，关闭 Data Frame Properties 窗口。

（3）在 Catalog 窗口，定位到【data02】->【Prodata.gdb】->【city】，右键单击，选择【Properties】，切换到 XY Coordinate System 页，双击【BjProject】，修改当前要素类使用的坐标系为 “BjProject”。

（4）单击【取消】，关闭 Feature Class Properties 窗口。

（5）在 Catalog 窗口，定位到【data02】->【Prodata.gdb】->【Geology】，右键单击，选择【Properties】，切换到 XY Coordinate Systems 页，查看当前要素类使用的坐标系，为 “WGS_1984_UTM_Zone_50N”。

（6）单击【取消】，关闭 Feature Class Properties 窗口。

（7）将 city_Bjproject 和 city_WGS 要素类添加到地图窗口，进行动态投影，两要素类将按照 “GCS_WGS_1984” 坐标系显示。

（8）在标准工具栏上单击 （Add Data）按钮。

（9）弹出 Add Data 窗口，定位到【data02】->【Prodata.gdb】，按住 Shift 键，单击选择【city_Bjproject】和【city_WGS】，单击【Add】。

（10）弹出 Geographic Coordinate Systems Warning 窗口，指出 city_WGS 要素类与地图数据框的坐标系不同，单击【Transformations】可以进行精确的投影变换。单击【Close】将不做任何处理，通过动态投影进行显示，本节练习中选择【Close】。

（11）将 city_Bjproject 和 city_WGS 要素类动态投影到 “GCS_WGS_1984”。

（12）在标准工具栏上单击【File】->【Save】，保存地图文档。

三、坐标系变换

（1）在上面的练习中，我们知道 city_Bjproject 要素类的坐标系为“Bjproject”，下面用 Projection 工具，对坐标系进行变换，目标坐标系如下。

要素类	原坐标系	目标坐标系
city_Bjproject	Bjproject	GCS_WGS_1984

（2）在标准工具条上单击【ArcToolbox】，打开 ArcToolbox 窗口，停靠在 ArcMap 右侧，选择【ArcToolbox】->【Data Management Tools】->【Projections and Transformations】->【Project】工具，双击打开。

（3）输入数据集或要素类，从下拉列表中选择【city_Bjproject】。

（4）输出数据集或要素类，单击【Browse】，选择【data02】->【Prodata.gdb】，输出名称为“city_WGS_1984”。

（5）单击【Save】，回到 Project 工具。

（6）设置输出坐标系，单击（Set）工具，弹出 Spatial Reference Properties 窗口，在 Favorites 中选择【GCS_WGS_1984】(若在 Favorites 中没有“GCS_WGS_1984”，可在 Spatial Reference Properties 窗口选择【Geographic Coordinate Systems】->【World】->【WGS 1984】,并可点击右键选择【Add To Favorites】)，单击【确定】。

（7）在 Project 窗口，确保“Input Dataset or Feature Class”选择【city_Bjproject】，“Output Dataset or Feature Class”选择【D:\chp04\data02\results\city_WGS_1984】，“Output Coordinate System”选择【WGS 1984】。

（8）单击【OK】，开始运行 Project 工具，待运行结束，完成坐标系变换。

（9）回到 Catalog 窗口，定位到【data02】->【Prodata.gdb】，新增 city_WGS_1984 要素类，右键单击【city_WGS_1984】，选择【Properties】，切换到 XY Coordinate System 页，查看当前坐标系。

（10）单击【取消】，关闭 Feature Class Properties 窗口。本节练习已完成，单击 ArcMap 程序右上角“☒”按钮退出程序。

第五章　空间数据转换与处理

一、教学目的

（1）了解在 ArcGIS 10.8 中如何查看第三方数据。

（2）学习各种不同数据格式之间进行转换的操作。

（3）在掌握数据转换操作之后，学习如何对数据进行 clip 处理。

二、教学准备

☞ 软件准备：确保您的计算机中已经正确安装了 ArcGIS Desktop 10.8 软件。

☞ 实验数据：在路径 D:\chp05 下。

本章所涉及的实验数据介绍如下：

路径	数据名称	数据格式	说明
chp05\data01	geology	CAD 格式	实验输入
	China_annual_mean_temperature_year2011	ASCII 格式	实验输入
chp05\data02	气温值、Geology	Shapefile 格式	实验输入
	China_annual_mean_temperature_year2011	ASCII 格式	实验输出
	PSG	Geodatabase 格式	实验输出
	Geology_1、Geology_line 和气温值导出	Shapefile 格式	实验输出
chp05\data03	Quanzhou，Quanzhou_centre	Shapefile 格式	实验输入
	Quanzhou_Clip	Shapefile 格式	实验输出

☞ 预备知识：

空间数据的来源有很多，如地图、工程图、规划图、照片、航空与遥感影像等，因此空间数据也有多种格式。根据应用需要，要对数据的格式进行转换。转换是数据结构之间的转换，而数据结构之间的转换又包括同一数据结构不同组织形式间的转换和不同数据结构间的转换。其中，不同数据结构间的转换主要包括矢量数据到栅格数据的转换和栅格数据到矢量数据的转换。

第一节　查看第三方数据

温馨提示：本小节实验详细操作教学视频请扫描右侧二维码获取，视频名称为“第五章第一节　查看第三方数据”。

一、查看 dwg 格式文件的信息

本节主要练习如何从 ArcMap 中查看 AutoCAD 软件制作的 dwg 格式数据。

（1）启动 ArcMap，新建空白地图文档。

（2）在标准工具栏中点击【Windows】->【Catalog】，打开 Catalog 窗口，停靠在 ArcMap 右侧。

（3）添加文件夹连接。在 Catalog 窗口，单击 （Connect To Folder）工具，弹出 Connect To Folder 窗口，选择本节练习数据“chp05”文件夹，单击【确定】。

（4）连接到文件夹之后，在“Catalog”中切换视图为“Toggle Contents Panel”。

（5）单击之后，目录变成了目录树与内容面板视图的组合窗体，如果没有显示，请再次单击。

（6）查看本节练习数据，定位到【chp05】->【data01】打开文件夹，在内容面板显示内容。

（7）在内容面板，双击【geology.DWG】打开文件，查看“geology.DWG”文件的组成。通过内容面板可以看到，DWG 文件和 ArcGIS 的要素图层组织结构是不同的，一个 DWG 文件是由五种基本要素类型组成的。

（8）使用鼠标选择所有的要素，拖放到 ArcMap 地图中。

（9）数据加入之后，就可以按照我们对数据浏览的方式直接进行查看、查询、符号化配置等操作了。CAD 的数据在 ArcMap 中只能进行查看、浏览等操作，不支持编辑、修改。

二、从带有坐标信息的 Excel 文件中查看

在日常工作中可能经常遇到带有经纬度坐标的文件，此类文件包括 Excel 的表格数据或者是文本类型的数据。这样的数据，可以在 ArcMap 中直接打开和查看。

（1）在 Catalog 窗口，定位到【chp05】->【data01】文件夹，在内容面板中，双击打开“China_annual_mean_temperature_year2011.csv”文件，看到 Excel 的工作表。

（2）将“China_annual_mean_temperature_year2011.csv”工作表拖放到 ArcMap 中，可以通过 ArcMap 直接打开，查看其中的内容。

（3）将 Excel 数据转换为空间数据。在图层窗口中，右键单击【China_annual_mean_temperature_year2011.csv】，选择【display XYdata】。

（4）在 Display XY Data 窗口中，“X Field”选择【Longitude】，“Y Field”选择【Latitude】，单击【OK】。

（5）系统会提示“Table Does Not Have Object-ID Field”，忽略提示，直接单击【确定】。

（6）添加之后，您会发现原本只是 Excel 的内容，通过 XY 坐标转换成了空间数据。

（7）双击内容列表中的【China_annual_mean_temperature_year2011.csv events】，在弹出的 Layer Properties 窗口中选择 Symbology 页，可对数据进行不同的符号化处理，如点击【Show】->【Categories】，选择【Unique values】，在 Value Field 中选择 Annual-meant 字段，单击【Add All Values】，再点击【确定】。

第二节　数据转换

温馨提示：本小节实验详细操作教学视频请扫描右侧二维码获取，视频名称为“第五章第二节　数据转换”。

一、将数据导出成 Shapefile

对 Excel 数据进行空间化之后，只能进行浏览、查询和符号化，如果需要进行编辑或者是数据交换，最好的方式还是将其转换为空间要素。

（1）右键单击空间化的图层，选择【Data】->【Export Data】。

（2）在 Export Data 窗口中，选择需要保存的位置【chp05】->【data02】->【results】，名称为“气温值.shp”，保存的类型为 Shapefile 类型。

（3）单击【Save】，单击【OK】，开始导出数据。

（4）导出完成后，在“Do you want to add the exported data to the map as a layer”提示语下点击【Yes】，导出的气温值数据就会自动地加载到 ArcMap 的内容列表和地图中。

二、将数据导入 GDB 中

GDB 是 ArcGIS 推荐使用的空间要素存储模型，可以对存储的空间数据进行优化和管理。

（1）新建文件地理数据库（gdb）。定位到【chp05】->【data02】->【results】，右键单击，选择【New】->【File Geodatabase】，右键点击【results】，新建 Geodatabase。

（2）新建完之后，重命名文件地理数据库为“PSG.gdb”。

（3）导入数据。选择【PSG.gdb】，右键单击，选择【Import】->【Feature Class（single）】。

（4）在输入要素类（Input Features）中，选择“气温值”图层，“Output Location”选择【D:\chp05\data02\results\PSG.gdb】，输出要素类（Output Feature Class）仍命名为“气温值”，其他参数默认，单击【OK】，工具开始运行，待运行结束，查看“PSD.gdb”，新增“气温值”要素类。

三、将数据从 GDB 中导出为 Shapefile

Shapefile 是国际通用的空间数据交换格式之一，有时候需要通过 Shapefile 与其他的软件进行数据交互，所以下面学习如何从 GDB 中将要素图层导出为 Shapefile 文件。

（1）定位到【chp05】->【data02】->【PSG.gdb】->【气温值】，右键单击，选择【Export】->【To Shapefile(single)】。

（2）弹出 Feature Class to Feature Class 工具，选择输出位置【chp05】->【data02】。注意：在输出位置处，选中的必须是文件夹，而不是双击打开这个文件夹。

（3）输出要素类（Output Feature Class）命名为“气温值导出.shp”,请注意加上后缀名“.shp”，其他参数默认，单击【OK】，工具开始运行，待工具运行结束，查看【chp05】->【data02】，新增“气温值导出.shp”。

四、将面数据转换为线数据

有时候需要提取面图层的边线，这种操作可以用数据转换工具来实现（注意：此功能的实现需要 ArcGIS for Desktop 的高级版许可授权）。

（1）加载需要转换的数据。点击【chp05】->【data02】->【results】->【Geology】，把面要素“Geology.shp”加载到 ArcMap 中。

（2）提取“ROCK_CODE”的岩层代码为“1”的区域。首先，通过属性表，将“ROCK_CODE”列岩层代码为“1”的数据进行选择并导出。在内容列表，右键单击 Geology 图层，选择【Open Attribute Table】。

（3）打开 Table 窗口，选择岩层代码为“1”的记录。用鼠标选中“ROCK_CODE”这一列，右击选择“sort ascending”这一列表中的数值，将其按照大小进行排列，这样可以快速选中代码为“1”的记录。

（4）在内容列表中，右键单击 Geology 图层，选择【Data】->【Export Data】。

（5）导出选项选择【Selected features】，单击【Browse】，选择输出位置【data02】->【results】->【Geology_1】。

（6）单击【Save】，单击【OK】，待导出完成后，把 Geology_1 要素类加载到地图中。

（7）打开 ArcToolbox 工具箱，选择【Data Management Tools】->【Features】->【Feature To Line】。

（8）双击打开 Feature To Line 工具，在输入要素（Input Feature）框中选择 Geology_1 图层，单击输出要素类旁的【Browse】，在 Output Feature Class 中将保存位置选为【D:\chp05\data02\results\Geology_line.shp】，单击【Save】，单击【OK】，进行转换。

（9）待工具运行结束，生成 Geology_line.shp 要素类，添加至地图。

（10）面转线过程结束，关于线转面的部分在本书的数字化实践案例一节中有说明。另外需要说明一下的是，关于泉州的地质数据，编著者不仅删去地质类型与名称等字段，还对其做了大量的随意打乱的修改属性代码处理，即数据本身是错误的，只能用于演示方法，不能用于研究或其他用途。本书的其他数据也是如此，仅能用于演示，在此一并说明。

第三节 数据处理

温馨提示：本小节实验详细操作教学视频请扫描右侧二维码获取，视频名称为“第五章第三节 数据处理”。

将指定区域的数据裁剪出来

假设您有很多数据，但在某些情况下只需要其中的一部分，这时候就需要将这些数据通过裁剪工具单独提取出来。

（1）定位到【chp05】->【data03】，将“Quanzhou.shp”和“Quanzhou.contre.shp”添加到 ArcMap。

（2）在标准工具栏选择 ，打开 ArcToolbox 工具箱。

（3）在 ArcToolbox 窗口选择【Analysis Tools】->【Extract】->【Clip】。

（4）双击打开 Clip 工具，在输入要素（Input Feature）中选择 Quanzhou 图层，在裁剪要素（Clip Feature）中选择 Quanzhou_Centre.shp 图层，在输出要素位置（Output Feature Class）中选择【D:\chp05\data03\results\Quanzhou_Clip.shp】，设置完成之后，单击【OK】，开始运行裁剪工具，待工具运行结束，生成 Quanzhou_Clip.shp 要素类，添加至地图。

第六章　多源数据的配准与数字化

一、教学目的

（1）掌握 ArcGIS 配准过程。

（2）掌握 ArcGIS 数字化与属性编辑的操作。

二、教学准备

☞　软件准备：确保您的计算机中已经正确安装了 ArcGIS Desktop 10.8 软件。

☞　实验数据：在路径 D:\chp06 下。

本章所涉及的实验数据如下：

路径	数据名称	数据格式	说明
chp06\data01	XTland1990	Shapefile	土地利用数据
	湘潭市政区图	jpg 格式	需要进行数字化的底图
chp06\result	six	mxd 文档	输出结果

☞　预备知识：

在 ArcGIS 中进行空间分析时，分析数据是多源的。也就是说我们进行分析的数据不仅有土地利用数据，还有规划数据和纸质扫描图件等。

如何使外源数据与我们已经具有的土地利用数据具有完全一致的空间参考和一致的边界范围是我们在研究中常遇到的问题。

第一节　与土地利用数据配套边界的制作

温馨提示：本小节实验详细操作教学视频请扫描右侧二维码获取，视频名称为“第六章第一节　与土地利用数据配套边界的制作”。

本实验基于已有的土地利用数据“XTland1990”，借助 ArcGIS 的 Merge 工具进行研究区域边界的提取，用于外源数据的配准以及研究范围的裁剪。

（1）启动 ArcMap，点击定位到【chp06】->【data01】文件夹，加载土地利用数据：XTland1990.shp。

（2）采用 Merge 工具将所有斑块合成一个面。单击【Customize】->【Toolbars】，打开扩展模块对话框勾选【Editor】，启动合并工具。如果未显示 Editor 窗口，则需要添加该窗口。右键单击【Customize】，勾选【Editor】，将编辑工具栏显示在窗口，可将 Editor 工具条拖动至标准工具栏固定。点击【Editor】->【Start Editing】，点击 Tools 工具栏上（Select Features）按钮，选中所有数据，数据被选中后将高亮显示。选择 Editor 工具条下的【Merge】工具，点选任意属性进行 Merge，完成后单击【OK】。

右键单击 XTland1990 图层，单击【Open Attribute Table】打开属性表。到这儿我们得到湘潭市的面数据，查看其属性表发现只有一条记录。该面数据边界与湘潭市土地利用数据边界重合（注意：Merge 方法对原始数据进行了改动，如果在关闭“XTland1990”数据时选择保存编辑，则原始土地利用数据就会变为只有一个属性的面状数据；如果选择不保存编辑，则该面状数据只作为中间数据，不会引起原始土地利用数据属性的变化。所以，如果选择保存编辑，则应提前做好原始土地利用数据的备份）。

（3）湘潭市行政边界线的提取

采用 ArcToolbox 中面转线工具，选择【ArcToolbox】->【Data Management Tools】->【Features】->【Feature to line】将面状行政区域转化为线状边界，“Output Feature Class”设为“D:\chp06\results\XTland1990line”，右击查看其属性表。

第二节　外源图件数据的配准

温馨提示：本小节实验详细操作教学视频请扫描右侧二维码获取，视频名称为“第六章第二节　外源图件数据的配准”。

本节以湘潭市行政区划图的配准为例进行实验。目的是将网页上下载的“湘潭市政区图.jpg”配准为具有正确坐标信息的数字化底图。

（1）添加数据。添加“湘潭市政区图.jpg”时，由于缺少空间参考会出现警告框，单击【OK】即可（警告内容为“您添加的数据没有空间参考，这些数据可以在 ArcMap 中绘制，但是不能被选择”），成功添加后可在图层窗口右击，选择【Zoom to Layer】对添加图层进行查看。

（2）打开位于主菜单中的 Customize（自定义）的子菜单 Toolbars 中的 Georeferencing 工具条，用于配准的工具都在 Georeferencing 工具条上。加载“湘潭市政区图.jpg”。

（3）选中“湘潭市政区图.jpg”图层，右键选中【Zoom To Layer】，打开工具条中的（Create Viewer Window）框选湘潭市政区图范围，创建一个窗口。同样对 XTland1990line 图层按上述操作创建一个窗口。调整左侧为“湘潭市政区图”窗口，右侧为 XTland1990line 窗口，方便对比选取控制点。

（4）建议不勾选【Auto Adjust】。在 Georeferencing 下拉菜单中，不勾选【Auto Adjust】。若勾中该选项，则每建立一对匹配的特征点对，软件会自动做一次校正。我们希望建立好所有的匹配特征点对后再做校正。

（5）添加一对控制点。点击 Georeferencing 工具条->（Add Control Points）进行特征点的选取。

（6）配准时应先点击待校正图像“湘潭市政区图.jpg”上的点，此时单击处出现绿色十字架的数字 1，然后右击具有正确信息的图“XTland1990line”，单击【Zoom to Layer】，在该图层选取相对应的点，会出现红色十字架的数字 1。

（7）逐个添加 6 对控制点（最少要保证有 4 对控制点，且控制点尽量要均匀分布），在实际情况中，我们通常需要添加远大于此数量的控制点，以便提高配准精度。如果需要取消控制点，在该控制点处右击，点击【Cancel Point】即可。

（8）点对选取完成时点击 Georeferencing 工具条下的【Update Display】，对校正的结果进行查看。

注释栏：

> 1．控制点（特征地物点）应该均匀地分布在整个栅格范围内。此外，使用固定的要素很重要，例如，道路交叉点或建筑物的转角，这些不会随时间改变。像田野边界、河流交叉点和海岸线等会随时间改变。由于条件限制，我们只有行政区的边界信息，所以尽量选取边界有明显特征的点对。
>
> 2．可以先粗略地选取对角的两对匹配点进行粗略的调整，再精确地选取匹配点进行配准。在此过程中需要注意的是，配准时应先点击待校正图像“湘潭市政区图.jpg”上的点，然后再在具有正确信息的图“XTland1990line”上选取相对应的点。

（9）校正并查看误差。点击 Georeferencing 工具条上的（View Link Table）按钮，打开误差表。每个控制点都有残差（Residual），以及总的均方根误差（RMS Error）。如果未显示误差数值，勾选该窗口左下角的【Auto Adjust】即可出现。选项可以对误差较大的点进行删除，单击该控制点使所在行突出显示，再单击 Georeferencing 工具条中（Delete Link）删除。再重新添加，直到误差尽量小于 100 为止。

（10）保存配准结果。保存配准结果有两种方式：Update Georeferencing 或 Rectify。Update Georeferencing 是直接在原图上更新，即转换系数写入与数据关联的附属文件中。Rectify 会另存成一张新的图片，可选择重采样的类型、图片格式、保存路径以及名称等。查看保存的校正后的行政区划图的属性，对比校正前的图，校正后的图已经具有了正确的空间参照信息且空间参照信息与其配准的数据相同，即配准的湘潭市政区图与土地利用数据生成的边界信息具有相同的空间参照。点击 Georeferencing 工具栏旁的下拉列表，点击【Rectify】，在出现的 Save As 窗口中，“Cell Size”输入“200”，“Output Location”选择【D:\chp06\results】，“Name”设置为“xt_rect.tif”，点击【Save】。

（11）修改“XTland1990line”属性。右键单击图层符号，在出现的 Symbol Selector 窗口中，“Color”选择“蓝色”，“Width”设置为“3”，点击【OK】。

注释栏：

1. 我们应尽可能地选取特征点对，使点对均匀地分布于图上，不断调整使校正精度满足研究的要求，这需要细心进行选取。

2. 在配准结果图中，黑色边线代表土地利用数据合并制作的行政边界，红色边线为湘潭市政区图边界，两个边界基本重合。

第三节　外源图件数据的数字化

温馨提示：本小节实验详细操作教学视频请扫描右侧二维码获取，视频名称为“第六章第三节　外源图件数据的数字化”。

为了保证数字化后的湘潭市行政区划图和湘潭市1990年土地利用数据边界完全一致，本实验直接采用由土地利用数据制作的湘潭市线状边界为其边界，在此基础上对该边界进行编辑。

（1）启动ArcMap，点击定位到【chp06】->【results】文件夹，加载图层“XTland1990line.shp”，打开Editor工具条。

（2）打开捕捉。点击【Editor】->【Snapping】->【Snapping Toolbar】选择需要捕捉的类型，高亮为开启捕捉。捕捉必须开启，以免在之后线构面的过程中存在大量拓扑错误（捕捉工具详细介绍可见第二章第一节）。

（3）开始编辑。【Editor】->【Start Editing】，并且在Editor工具栏中点击Create Features，选取待编辑线状图层为“XTland1990line”，再点击Construction Tools中线状（line）要素进行编辑，查看数字化结果。

注释栏：

进行数字化时应注意边界点及交点的捕捉，在进行绘制时线条端点之间节点是绿色，线条端点和线条之间节点为红色，完成一段线的编辑后，右键【Finish Sketch】完成线段的数字化。在完成所有线段数字化之后，在Editor工具条上点击【Save Editing】，单击【Stop Editing】完成数字化。

第四节 行政区划图制作

温馨提示：本小节实验详细操作教学视频请扫描右侧二维码获取，视频名称为“第六章 第四节 行政区划图制作”。

（1）线转面。采用 ArcToolbox 中线转面（Feature to Polygon）工具，将线状边界转化为面状行政区域。点击【ArcToolbox】->【Data Management Tools】->【Features】->【Feature to Polygon】。双击命令进入窗口，在“Input Features”中选择【chp06】->【data04】->【XTland1990line】，“Output Feature Class”设为【D:\chp06\results\ XT.shp】，然后点击【OK】。

（2）属性数据的编辑。打开 Editor 工具条，选中生成的面状数据进行编辑。打开面状数据属性表，单击（Table Options）子菜单中的【Add Field】，添加名称为“Name”、类型为“Text”的字段。单击 Editor 工具条子菜单中的【Start Editor】后，在该字段中对行政区域的属性对照“湘潭市政区图.jpg”底图依次进行编辑。完成编辑后保存编辑内容，结束编辑。

（3）依据 Name 字段对行政区划图进行符号显示，得到数字化后的湘潭市行政区划图。可与其他数据进行空间叠加分析。

（4）修改图层样式。在内容列表中，右键单击 XT 图层，选择【Properties】，弹出 Layer Properties 窗口，切换到 Symbology 页，选择【Categories】->【Unique values】，“Value Field”选择【Name】字段，点击【Add All Values】，选择任意 Color Ramp。

（5）标记 Name 字段。同时在 Layer Properties 窗口，切换到 Labels 页，勾选【Label features in this layer】，“Label Field”（标注字段）选择【Name】，字体设置为宋体、颜色为“Black”、大小为 8，其他自行设置，即可完成数字化。

注释栏：

依据此步骤可以对所有需要进行空间分析的扫描图件进行数字化，并且可保证所有数字化后的结果都具有一致的边界信息。

第七章　地图符号与可视化表达

一、教学目的

（1）掌握 ArcMap 中点、线和面状符号的制作方法。

（2）认识并使用制图表达和自由式制图表达功能。

（3）学会管理标注和标记以及如何根据自己的实际情况制作自己所需要的地图标注。

二、教学准备

☞　软件准备：确保您的计算机中已经正确安装了 ArcGIS Desktop 10.8 软件。

☞　实验数据：在路径 D:\chp07 下。

本章所涉及的实验数据介绍如下：

路径	数据名称	数据格式	说明
chp07\data01	Site	Shapefile	实验输入
	bridge	Shapefile	
	railway	Shapefile	
	main road	Shapefile	
chp07\data02	building	Shapefile	
	stream	Shapefile	
	Representation	地理数据库	

☞ 预备知识：

空间数据可视化是有效传输与表达地理信息，挖掘空间数据之间的内在联系，解释地理现象内在规律的重要手段。制图表达就是可视化的一种方法，使用制图表达可将符号信息与要素几何存储在要素类中，从而允许用户对要素的外观进行自定义。通过这一附加控制，用户可满足苛刻制图规范的要求或仅改进要素的显示效果。制图表达是一种要素类属性，存储在地理数据库的系统表以及要素类自身中。要素类可拥有多个与之关联的制图表达，这样，在不同的地图产品中，同一数据能够以不同的方式显示。

第一节　地图符号设计与制作

温馨提示：本小节实验详细操作教学视频请扫描右侧二维码获取，视频名称为“第七章第一节　地图符号设计与制作”。

（1）启动 ArcMap，在 ArcMap 标准工具栏上单击，打开 Catalog。

（2）在 Catalog 标准工具栏上单击，找到本章数据存放的文件夹“chp07”，然后点击【确定】。

（3）本章数据所在的文件夹将出现在目录树下，单击“data01”文件夹，把文件下所有文件一一拖到地图上。

（4）在图层页面右键单击【site】打开属性（Properties），在 Layer Properties 窗口选择【Symbology】->【Categories】->【Unique Values】，在 Values Field 下拉列表中选择【Landuse】，点击【Add All Values】，单击【确定】。

（5）在工具栏点击【Customize】->【Style Manager】，打开 Style Manager 窗口，单击右侧【Styles...】，打开 Style References 窗口，单击【Create New Style...】，选择【chp07】->【data01】->【results】，将文件命名为“landuse”，保存。在 Style References 窗口中，点击【OK】。

（6）在 Style Manager 左侧选择新添加的符号文件库，在其列表中选择【Fill Symbols】，在右侧空白处右键选择【New】->【Fill Symbol】，弹出 Symbol Property Editor 窗口。

（7）在 Symbol Property Editor 窗口中，点击【Color】，选择【Gray 10%】，点击【OK】，

并将其命名为“building”，然后关闭窗口。

（8）在图层窗口单击建筑用地符号，选择新添加的 building 样式，选择【OK】，即实现对建筑用地的符号更改。

（9）在工具栏点击【Customize】->【Style Manager】，打开 Style Manager 窗口，在新建的 landuse.style 中选择【Fill Symbols】，再单击右键选择【New】->【Fill Symbol】，将 Color 选为“Leaf Green”。

（10）在左下角 Layers 窗口点击  按钮，添加一个新图层，在 Properties 窗口中，选择【Type】，下拉选择【Marker Fill Symbol】。

（11）在 Marker Fill 中单击【Marker】按钮，弹出 Symbol Selector 窗口。

（12）在右侧选择【Edit Symbol】，弹出 Symbol Property Editor 窗口。在 Type 窗口下拉选择【Character Marker Symbol】，Font 选择【ESRI Caves 1】，样式选择 ，Size 设置为 12，Color 选择【Electron Gold】，单击【OK】。在 Symbol Selector 窗口中也点击【OK】。

（13）在 Symbol Property Editor 窗口中，Marker Fill 选项卡中选择【Random】，点击 Fill Properties 选项卡，在 Separation 中将 X 和 Y 同时设置为 15。单击【OK】。

（14）将设置重命名为“grass”，点击【Close】，并将其应用到草地图层。

（15）在标准工具的工具栏点击【Customize】->【Style Manager】，打开 Style Manager 窗口，在新建的 landuse.style 中选择【Fill Symbols】，再在窗口右侧单击右键选择【New】->【Fill Symbol】，将 Color 设置为 Fir Green。

（16）在左下角 Layers 窗口点击  按钮，添加一个新图层，在 Properties 窗口中，选择【Type】，下拉选择【Marker Fill Symbol】。

（17）在 Marker Fill 中单击【Marker】按钮，弹出 Symbol Selector 窗口。

（18）在窗口右侧选择【Edit Symbol】，弹出 Symbol Property Editor。在 Type 窗口下拉选择【Character Marker Symbol】，Font 选择【ESRI Environmental & Icons】，样式选择 ，Size 设置为 18，Color 选择 Rhodolite Rose，单击【OK】。在 Symbol Selector 窗口中也点击【OK】。

（19）在 Symbol Property Editor 窗口，Marker Fill 选项卡中选择【Random】，点击【Fill Properties】选项卡，在 Separation 中将 X 设置为 14，Y 设置为 15。单击【OK】。

（20）将其重命名为“forest”，点击【Close】，并将其应用到林地图层。

（21）在标准工具栏点击【Customize】->【Style Manager】，打开 Style Manager 窗口，在新建的 landuse.style 中选择【Fill Symbols】，在窗口右侧单击右键选择【New】->【Fill

Symbol】，在 Properties 下的 Type 中下拉选择【Gradient Fill Symbol】，在 Color Ramp 中的 Style 中单击右键选择【Properties】。

（22）在出现的 Edit Color Ramp 窗口中点击【Color 2:】选择【Sodalite Blue】，单击【确定】，在“Intervals”中输入 120，单击【OK】。

（23）将其重命名为“Water”，点击【Close】，并将其应用到水域图层。

（24）在标准工具栏点击【Customize】->【Style Manager】，打开 Style Manager 窗口，在新建的 landuse.style 中继续选择【Line Symbols】，继续在窗口右侧单击右键选择【New】->【Line Symbol】，将 Color 设置为 Gray 20%，Width 设置为 7。

（25）在左下角 Layers 窗口点击  按钮，添加一个新图层，将 Color 设置为“Yucca Yellow”，Width 设置为 4。单击【OK】。

（26）将其重命名为“main road”，点击【Close】，并将其应用到 main road 图层。

（27）在标准工具的工具栏点击【Customize】->【Style Manager】，打开 Style Manager 窗口，在新建的 landuse.style 中选择【Line Symbols】，再在窗口右侧单击右键选择【New】->【Line Symbol】，在 Properties 下的 Type 中下拉选择【Cartographic Line Symbol】，将 Color 设置为“Arctic White”，点击【Template】，Interval 设置为 4。

（28）在左下角 Layers 窗口点击  按钮，添加一个新图层，Width 设置为 4，点击【Template】，Interval 设置为 4，拖动灰色滑块到合适位置，点击刻度线灰色滑块左端会出现黑色色块，具体效果可根据左上角的 preview 进行调整，单击【OK】。

（29）将其重命名为“railway”，点击【close】，并将其应用到 railway 图层。

（30）在标准工具的工具栏点击【Customize】->【Style Manager】，打开 Style Manager 窗口，在新建的 landuse.style 中选择【Marker Symbols】，在窗口右侧单击右键选择【Marker】->【Marker Symbol】，在 Properties 下的 Type 中下拉选择【Character Marker Symbol】，Font 选择【ESRI Environmental & Icons】，样式选择 ，Size 设置为 14，Color 选择 Mango，单击【Mask】，Style 选择【Halo】，单击【Symbol】出现 Symbol Selector 窗口，Outline Color 选择【Heliotrope】，Outline Width 设置为 1，单击【OK】。在 Symbol Property Editor 窗口中也点击【OK】。

（31）将其重命名为“bridge”，点击【Close】，并将其应用到 bridge 图层。

第二节　制图表达与自由式制图表达

温馨提示：本小节实验详细操作教学视频请扫描右侧二维码获取，视频名称为“第七章第二节　制图表达与自由式制图表达”。

一、制图表达

（1）启动 ArcMap，在 ArcMap 标准工具栏上单击，打开 ArcCatalog。

（2）在 ArcCatalog 标准工具栏上单击，找到本章数据存放的文件夹“chp07”，然后点击【确定】（如已存在，可省略此步骤）。

（3）新建 Geodatabase。在 Catalog 窗口，选中 D:\chp07->data02->results 文件夹，单击右键选择【New】->【Personal Geodatabase】，重命名为“representation1”。

（4）选中新建的 representation1.mdb 文件，单击右键选择【Import】->【Feature Class (multiple)...】，将出现 Feature Class to Geodatabase(multiple）窗口。

（5）在 Feature Class to Geodatabase(multiple）窗口中，Input Features 处点击右侧文件夹图标选择 data02 文件夹下的“building.shp”和“stream.shp”，Output Feature Class 中保持默认，点击【OK】。文件将被添加到数据库中。

（6）将新导入的 building 和 stream 文件拖到地图窗口中，在图层窗口选中【stream】，单击右键选择【Convert Symbology to Representation...】，点击【Convert】。

（7）在图层窗口选中【Representation: stream_Rep】并双击，出现 Layer Properties 窗口，选择【Symbology】，点击（Add new fill layer）添加一个新的图层，将新图层的颜色更改为 Sodalite Blue，单击，在新出现的 Geometric Effects 窗口中选择【Tapered polygon】，点击【OK】，To width 设置为 8pt，点击【确定】，再点击【OK】。

（8）在图层窗口选中【Stream】，单击右键选择【Convert Symbology to Representation...】，Name 改为 stream_Rep2，点击【Convert】。在图层窗口选中【stream_Rep2】，单击右键打开属性表（Open Attribute Table），点击，选择【Add field】，Name 设置为 from_，Type 选择【Double】，点击【OK】。点击，选择【Add field】，Name 设置为“to_”，Type 选择【Double】，点击【OK】。

（9）点击，选择一部分河流，在属性表中，点击【from_】选择【Field Calculator...】，点击【Yes】，在输入框中输入 3，单击【OK】，点击【to_】选择【Field Calculator...】，点击【Yes】，在输入框中输入 14，单击【OK】。点击属性表中的 （Switch selection），点击【from_】选择【Field Calculator...】，点击【Yes】，在输入框中输入 8，单击【OK】，点击【to_】选择【Field Calculator...】，点击【Yes】，在输入框中输入 22，单击【OK】，关掉属性表。请注意，这里对每条河流的选择和输入的数值是任意的，在实际应用中需要根据需求进行设置，这里仅作为演示，本节其他数值也是随机的，并无实际意义。

（10）在图层窗口选中【Representation: stream_Rep2】并双击，出现 Layer Properties 窗口，选择【Symbology】，点击 添加一个新的图层，将新图层的颜色更改为 Sodalite Blue，单击 ，在新出现的 Geometric Effects 窗口中选择【Tapered polygon】，点击【OK】，点击 ，From width 设置为“from_”，To width 设置为“to_”，点击【确定】，再点击【OK】。

（11）在图层窗口选中【building】，单击右键选择【Convert Symbology to Representation...】，点击【Convert】。在图层窗口选中【Representation: building_Rep】并双击，出现 Layer Properties 窗口，选择【Symbology】，更改颜色为 gray 10%，点击 添加一个新的图层，将新图层的颜色更改为 gray 20%，单击 ，在新出现的 Geometric Effects 窗口中选择【Move】，X Offset 设置为-5pt，Y Offset 设置为 7pt，点击【确定】，再点击【OK】，即可查看相应效果。

二、自由式制图表达

（1）单击目录树下的本章 data02 文件夹下的【representation】数据库，把数据库下所有文件一一拖到地图上。

（2）添加编辑工具。单击标准工具里的【Customize】->【Toolbars】->【Editor】（如已打开，可省略此步骤）。

（3）添加制图表达工具。单击标准工具里的【Customize】->【Toolbars】->【Representation】。

（4）点击编辑工具栏，点击下拉列表中的【Starting Editing】。

（5）点击制图表达工具栏中的 （Select Tool），选择需要自由式制图表达的区域，这里我们选择右下角带有河流的一片森林区域。

（6）点击 Representation 工具栏中的下拉箭头 Representation ▾ ->【Free Representation】->【Convert to Representation】。

（7）点击 Representation 工具栏中的下拉箭头 Representation ▾ ->【Free Representation】->【Separate Symbol Layers】。

（8）点击 Representation 工具栏中的下拉箭头 Representation ▾ ->【Free Representation】->【Edit Free Representation】。

（9）在 Free Representation Editor 窗口中，单击编辑区域，再双击编辑区域后单击右键，选择【Convert Effect to Geometry】，转换成几何体。

（10）选择编辑区域中靠近河流的一个几何体，单击右键选择【Explode Multi-part Geometry】。

（11）单击编辑区域，取消选定所有几何体。根据河流流向，逐个点击位于河流上方的几何体，按电脑键盘 Delete 键删除，点击【OK】。这样，即可去除树木图标对于河流的遮挡，使地图表达更加清晰。

（12）本节练习已完成，单击 ArcMap 程序右上角“☒”退出程序。

第三节　地图标注和注记

温馨提示：本小节实验详细操作教学视频请扫描右侧二维码获取，视频名称为“第七章第三节　地图标注和注记”。

一、标注要素

（1）在标准工具条上，单击【Add Data】，弹出 Add Data 窗口，单击【Connect To Folder】，弹出 Connect To Folder 窗口，选择本节练习数据【chp07】->【data03】->【LUCC】，按 Shift 键选择所有文件，单击【Add】按钮。

（2）确保在 ArcMap 中将 Layout View 窗口切换到 Data view 窗口。

（3）在内容列表中，右键单击 LUCC 图层，选择【Properties】，弹出 Layer Properties 窗口，切换到 Labels 页，勾选【Label features in this layer】，标注字段选择“LUCC”，设置字体为宋体、大小为 8、颜色为黑色。

（4）单击【确定】，查看地图窗口，数字表示土地利用类型，为标注项。

（5）在标准工具条上单击【File】->【Save】，保存地图文档。

二、标注管理

（1）打开标注工具条。右键单击工具栏空白处，选择 Labeling 工具条。

（2）在 Labeling 工具条上，单击【Label Manager】，打开 Label Manager 窗口。通过标注管理器，可以控制图层的标注显示，设置文本样式，设置标注放置规则等。

（3）单击【Expression】按钮，弹出 Label Expression 窗口，在这里可以定义标注的内容，使用 VBScript 脚本还可以控制标注的显示风格，单击【确定】，关闭 Label Expression 窗口。

（4）在 Label Manager 窗口中单击【Scale Range】，弹出 Scale Range 窗口，设置标注的显示范围，单击【OK】，关闭 Scale Range 窗口。

（5）在 Label Manager 窗口中单击【Properties】，弹出 Placement Properties 窗口，勾选【Horizontal】和【Place One Label Per Feature Part】，单击【确定】，关闭 Placement Properties 窗口，单击【OK】，关闭 Label Manager 窗口。

（6）在标准工具条上单击【File】->【Save】，保存地图文档。

三、使用 Maplex 标注引擎

（1）启用 Maplex 标注引擎。在 Labeling 工具条上单击【Use Maplex Label Engine】。

（2）选择快速显示方式。在 Labeling 工具条上单击【Fast】。

（3）在 Labeling 工具条上单击【Label Manager】，打开 Label Manager 窗口。通过标注管理器，可以控制图层的标注显示，设置文本样式，设置标注放置规则等，对比这些规则与标准标注引擎的区别。

（4）单击【Properties】，弹出 Placement Properties 窗口，切换到 Fitting Strategy 页。

（5）勾选【Overrun feature】，单击【Options】，弹出 Label Overrun 窗口，Maximum label overrun 设为 80 Points，单击【OK】，关闭 Label Overrun 窗口。

（6）在 Placement Properties 窗口中，勾选【Reduce font size】，单击【Options】，弹出 Label Reduction 窗口，Font Size Reduction 中 Lower Limit 设为 5pts，Font Width Compression 中 Lower Limit 设为 95%，其他参数默认，单击【OK】，关闭 label reduction 窗口。

（7）切换到 Label Density 页，Label Buffer(% font height)设为 10，Minimum feature size for labeling 设为 1 Map Units，最下方下拉列表中选择【One label per feature】。

（8）切换到 Conflict Resolution 页，设置边界要素权重（Feature weight）为 950，连续

单击【确定】与【OK】，关闭所有窗口。

（9）单击 Labeling 工具条上的【Label Weight Ranking】，弹出 Weight Ranking 设置窗口，设置 Highway-Default 和 Railway-Default 的 Feature Weight (Range 0 to 1000)为 950，Water_area -Default 和 LUCC-Default 的 Polygon Boundary Weight 为 1000。

（10）单击【OK】，关闭 Weight Ranking 窗口，查看地图效果。

（11）在标准工具条上点击【File】->【Save】，保存地图文档命名为“seven.mxd”。

（12）本节练习已完成，单击 ArcMap 程序右上角“☒”退出程序。

第八章　空间分析

一、教学目的

（1）了解 DEM 数据。

（2）掌握 DEM 数据的山体阴影分析、等值线分析、坡度分析、视域分析等操作。

（3）掌握空间插值分析相关操作。

二、教学准备

☞　软件准备：确保您的计算机中已经正确安装了 ArcMap10.8 软件。

☞　实验数据：在路径 D:\chp08 下。

本章所涉及的实验数据介绍如下：

路径	数据名称	数据格式	说明
chp08\data01	湖南 DEM	tif	进行一系列空间分析的湖南省 DEM 数据
	长沙电视塔	Shapefile	视域分析的基础数据
chp08\data02	PM2.5	txt	湖南省 $PM_{2.5}$ 气象站点的基础数据

☞　预备知识：

（1）数字地形模型和数字高程模型

数字地形模型（Digital Terrain Model，DTM）是地形表面形态属性信息的数字表达，是带有空间位置特征和地形属性特征的数字描述。数字地形模型中地形属性为高程时称为数字高程模型（Digital Elevation Model，DEM），它是用一种有序数值阵列形式表示地面高程的实体地面模型。数字地形模型在工程建设方面（如公路、铁路、高压线路等工程的选线、定线和计算工程量）应用甚广，并为实现设计工作的自动化提供了条件。在地图测绘中可根据数字地形模型晒印正射影像地图和自动绘制地形图。此外，在近景摄影测量中，当观测的对象是某些表面结构复杂的物体时，也可以引用这种原理进行测绘。

（2）空间插值

空间插值是用已知点的数值来估计其他点的数值的过程。在 GIS 应用中，空间插值主要用于估算出栅格数据中每个像元的值，因此，空间插值是将点数据转换成面数据的一种方法，目的在于使点数据也能用于空间分析和建模中。

第一节　栅格表面分析

温馨提示：本小节实验详细操作教学视频请扫描右侧二维码获取，视频名称为“第八章　第一节　栅格表面分析”。

一、对 DEM 数据进行山影分析

（1）启动 Arcmap 10.8，开启空间分析。单击【Customize】->【Extensions】。

（2）弹出 Extensions 窗口，勾选【Spatial Analyst】开启空间分析扩展，如果之前有勾选，可省略此步骤。

（3）定位到【chp08】->【data01】文件夹，将“湖南 DEM.tif”加载到 ArcMap 中。

（4）打开 Arc Toolbox 工具箱。

（5）选择【Spatial Analyst Tools】->【Surface】->【Hillshade】。

（6）双击打开 Hillshade 工具，输入栅格“湖南 DEM.tiff”，会自动生成输出栅格的位置，也可自行设置，例如，在 data01 中自行建立一个新文件夹，命名为“results”，在该文件夹中将文件命名为“hillshade”，其他参数默认。

（7）设置完成后，单击【OK】，开始运行。待工具运行结束后，查看结果。

（8）再次运行 Hillshade 工具，更换其他参数。第一次运行使用系统默认的方位角角度，为 315 度，也就是西北方向，下面模拟早上 9 点半左右的效果，设置 Azimuth 为 90 度，也就是正东方，Altitude 为 45 度，也就是早上 9 点时太阳高度。

（9）同样保存在“results”文件夹中并命名为“hillshade1”，单击【OK】，开始运行。待工具运行结束后，查看结果。

（10）对比两次不同时间的山体阴影局部效果。

（11）您还可以修改其他参数，查看不同时间的山体阴影效果。

二、对 DEM 数据进行等值线分析

（1）在 ArcMap 10.8 中打开【Arc Toolbox】->【Spatial Analyst Tools】->【Surface】->【Contour】。

（2）Input raster（输入栅格）选择【湖南 DEM.tiff】，输出参数默认，Contour interval（等值线间距）设为 200，Output feature class 结果仍存在刚才建的“results”文件夹中，命名为“contour1”。

（3）设置完成后，单击【OK】，开始运行。待工具运行结束后，查看结果。

三、对 DEM 数据进行坡度分析

（1）在 ArcMap 10.8 中打开【ArcToolbox】->【Spatial Analyst Tools】->【Surface】->【Slope】。

（2）Input raster 选择【湖南 DEM.tif】，输出参数默认。

（3）保存在“results”文件夹并命名为“slope”，设置完成后，单击【OK】，开始运行。待工具运行结束后，查看结果。

四、对 DEM 数据进行坡向分析

（1）在 ArcMap 10.8 中打开【Arc Toolbox】->【Spatial Analyst Tools】->【Surface】->【Aspect】。

（2）Input raster 选择【湖南 DEM.tiff】，输出参数默认。

（3）保存在“results”文件夹并命名为“aspect”，设置完成后，单击【OK】，开始运行。待工具运行结束后，查看结果。

五、对 DEM 数据进行视域分析

（1）在 ArcMap 10.8 中添加数据，定位到【chp08】->【data01】文件夹，将“长沙电视塔.shp”添加到 ArcMap 中。同时，除保留“湖南 DEM”外，可将其他文件从 Table of Contents 中删去。

（2）打开【Arc Toolbox】->【Spatial Analyst Tools】->【Surface】->【Viewshed】。

（3）Input raster 选择【湖南 DEM.tif】，Input point or polyline observer features 选择【长

沙电视塔.shp】，其他参数默认。

（4）保存在“results”文件夹并命名为“viewshade”，设置完成后，单击【OK】，开始运行。待工具运行结束后，可查看结果：“Not Visible”表示视域中不可见的地方，“Visible”表示视域中可见的地方。

第二节　插值分析

温馨提示：本小节实验详细操作教学视频请扫描右侧二维码获取，视频名称为“第八章第二节　插值分析”。

一、使用地面气候台站数据插值

（1）重新开始在 ArcMap 10.8 中添加数据，定位到【chp08】->【data02】文件夹，将“PM2.5”文本添加到 ArcMap，右击选择【Open】查看数据。

（2）在内容列表，右击【PM2.5.txt】后，选择【Display XY Data】，将 X 字段选为经度，Y 字段选为纬度，其他为默认设置，点击【OK】，弹出窗口提示没有 Object-ID 字段时，点击【确定】创建事件图层，“PM2.5.txt Events”被加载到 ArcMap 中。

（3）点击【PM2.5.txt Events】，再右键单击，选择【Open Attribute Table】，查看数据。

（4）打开【Arc Toolbox】->【Spatial Analyst Tools】->【Interpolation】->【IDW】，此例以反距离权重插值法为例进行演示。

（5）Input point features 选择【PM2.5.txt Events】，Z 值字段选择 pm2.5（μg/m^3），其他为默认设置，同样在 data02 中也建一个文件夹“results”，用来存放输出的文件，将其命名为“IDW1”。

（6）设置完成后，单击【OK】，开始运行。待工具运行结束后，查看结果。

（7）下面调整反距离权重法的其他参数，设置按照距离的方式进行插值分析。打开【Arc Toolbox】->【Spatial Analyst Tools】->【Interpolation】->【IDW】，打开反距离权重 IDW 工具窗口，在 Search radius (optional)下选择【Fixed】，距离（Distance）为 1.5，其他参数默认，保存在“results”文件夹下并命名为“IDW2”。

（8）设置完成后，单击【OK】，进行插值，查看结果。

二、使用插值图提取等值线

（1）打开【Arc Toolbox】->【Spatial Analyst】->【Surface】->【Contour】。

（2）输入栅格为上个练习最后生成的插值栅格图层 IDW2，Contour interval 设为 5，其他默认，将结果命名为“counter”并保存在“results”文件夹下。

（3）设置完成后，单击【OK】，开始运行。待工具运行结束后，查看结果。

第九章　网络分析

一、教学目的

（1）创建网络数据集。

（2）使用网络数据集查找最佳路径。

（3）查找最近的消防站。

（4）计算服务区和创建 OD 成本矩阵。

（5）使用一支车队交付一系列单货。

二、教学准备

☞ 软件准备：确保您的计算机中已经正确安装了 ArcMap10.8 软件。

☞ 实验数据：在路径 D:\chp09 下。

本章所涉及的实验数据介绍如下：

路径	数据名称	数据格式	说明
chp09\data01	SanFrancisco	地理数据库	用于创建网络数据集
chp09\data02	SanFrancisco	地理数据库	输入数据
chp09\data03	Paris	地理数据库	输入数据
chp09\data04	SanFrancisco	地理数据库	输入数据

☞　预备知识：

网络是一种由互联元素组成的系统，例如，边（线）和连接的交汇点（点）等元素，用来表示从一个位置到另一个位置的可能路径。网络一般分为几何网络和网络数据集。网络元素包括：边线——连接到其他元素（交汇点），是资源赖以流动的链接；交汇点——

连接边线，使边线可以连通；转向——记录两条边线或多条边线间的过渡关系。

第一节　创建网络数据集

温馨提示：本小节实验详细操作教学视频请扫描右侧二维码获取，视频名称为“第九章第一节　创建网络数据集”。

（1）启动 ArcCatalog。单击【开始】->【所有程序】->【ArcGIS】->【ArcCatalog10.8】。

（2）启用 ArcGIS Network Analyst 扩展模块。单击【Customize】->【Extension】，将打开扩展模块对话框，选中【Network Analyst】，单击【Close】关闭对话框。

（3）在标准工具条上，单击按钮 ，将打开连接到文件夹的对话框，并定位到【chp09】->【data1】文件夹，单击【确定】。文件夹的快捷方式将添加到目录树的文件夹连接下。

（4）选择目录树下的地理数据库【SanFrancisco.gdb】，右键单击要素数据集【Transportation】->【New】->【Network Dataset】，新建网络数据集。

（5）输入网络数据集的名称“Streets_ND”。

（6）单击【下一步】或者点击【Enter】键，然后选中【Streets】要素类并将其作为网络数据集的源。

（7）单击【下一步】或者点击【Enter】键，单击【Yes】在网络中构建转弯模型，选中【RestrictedTurns】以将其选作为转弯要素源，确保已选中<通用转弯>，这样就能够添加默认转弯惩罚值。

（8）单击【下一步】或者点击【Enter】键，单击【Connectivity】，将打开连通性对话框，可在此处为该网络设置连通性模型。对于此 Streets 要素类，所有街道在端点处相互连接。确保 Streets 的连通性策略已设置为端点（End Point）。单击【OK】返回新建网络数据集向导。

（9）单击【下一步】。此数据集带高程字段，因此请确保选择【Using Elevation Fields】（使用高程字段）选项。

注释栏：

构建高程模型的方式有两种：使用几何中的实际高程值或使用高程字段中的逻辑高程值。

1．网络数据集中的高程设置进一步定义了连通性。为了帮助理解，假设两条边在 x 和 y 空间内端点重合，但高程不同（一个端点高于另一个）。此外，假设连通性策略设置为端点。如果忽略高程，两条边相连。但如果考虑高程，它们就不相连。

2．Streets 要素类具有整数形式的逻辑高程值，存储在 F_ELEV 和 T_ELEV 字段中。例如，如果两个重合端点的字段高程值为 1，则边会连接。但是，如果一个端点的值为 1，而另一个重合端点的值为 0（零），边将不会连接。Network Analyst 会识别此数据集中的字段名称并自动映射它们（只有整型字段可以用作高程字段）。

（10）单击【下一步】。可以使用向导页面配置交通流量数据，参数默认。

注释栏：

1．交通流量数据能够使您根据一周中的某天某时刻找到最快的路径。例如：周三上午 8:30（高峰时段）从 A 到 B 的最快路径可能与周日下午 1:00 这两点间的最快路径不同。有时尽管路径相同，到达目的地所花费的时间却可能不同。

2．地理数据库 SanFrancisco 中包含了两个存储历史流量数据的表：DailyProfiles 和 Streets_DailyProfiles。在设计表的方案时，应该使 Network Analyst 能识别每个表的作用并能自动配置历史流量。但此数据集不包含配置实时交通流量数据所需的信息。

（11）单击【下一步】，将显示设置网络属性的页面。

注释栏：

1．网络属性用于控制导航。常见示例有用作网络阻抗的成本属性，或禁止双向穿越或单向穿越（如单行线）的约束属性。

2．Network Analyst 分析源要素类并查找常见字段，如“米”、“分钟”（FT_Minutes 和 TF_Minutes，分别用于每个方向）和“单向”。如果找到此类字段，它将自动创建对应的网络属性并分配相应字段（通过单击赋值器可进行查看）。

3．Network Analyst 将自动为该旧金山数据设置八个属性：Hierarchy、Meters、Minutes、Oneway、RoadClass、TravelTime、WeekdayFallbackTravelTime 和 WeekendFallbackTravelTime。它还会为这些属性创建赋值器。

（12）单击 Meters 行将其选中，然后单击赋值器【Evaluators】打开赋值器对话框。

注释栏:

源值选项卡上的表会列出源要素类。线状源要素类（将成为网络数据集中的边元素）会列出两次：一次针对“自—至”方向，一次针对“至—自”方向。这些方向是指相对于源线要素的数字化方向。类型列将显示用于计算网络属性值的赋值器的类型。值列包含赋值器计算属性值所需的信息。

（13）在属性下拉列表中，每次单击一种属性类型，检查赋值器的类型和源要素类的值。单击确定返回新建网络数据集向导。

（14）再添加一个新属性来限制创建自 RestrictedTurns 要素类中的转弯元素的移动。单击【Add】，打开添加新属性 Add New Attribute 对话框。在 Name 字段中键入“RestrictedTurns”。对于 Usage Type，请选择【Restriction】，将 Restriction Usage 设置为【Prohibited】。

注释栏:

1．此设置是为了禁止在分析过程中穿过转弯要素。 2．在已选中默认情况下使用。此限制将在创建新的网络分析图层时默认使用。如果想在执行分析时忽略限制，可以在设置分析时禁用它。

（15）单击【OK】。新的属性“RestrictedTurns”将被添加到属性列表中。左边带 D 的蓝色圆圈表示该属性在新分析中被默认启用。

（16）单击赋值器按源将值指定给新属性。将 RestrictedTurns 的赋值器 Type 设置为【Constant】，其 Value 设置为【Use Restriction】。

注释栏:

现在，默认情况下 Network Analyst 不会穿过 RestrictedTurns 要素类中的任何转弯要素。这是对要避开的违法转弯或危险转弯进行建模的好方法。但此时街道源的赋值器为空，因此当使用 RestrictedTurns 进行限制时，这些街道源仍然是可穿过的。

（17）单击【OK】返回新建网络数据集向导。

（18）右键单击 Hierarchy 行，然后选择默认情况下使用，勾选取消。蓝色符号 ◎ 将从属性中移除。这意味着使用此网络数据集创建分析图层时不会默认使用等级。

（19）单击下一步。出现 New Network Dataset 对话框，首先点击【+】工具，命名为“test”，点击【OK】，再点击【Next】。单击【YES】设置方向。

（20）单击【Directions】将打开网络方向属性 Network Directions Properties 对话框。指定用于为网络分析结果报告方向的字段。

（21）在常规选项卡 General 上，确保主要行的名称字段将自动映射到 NAME。NAME 字段包含旧金山街道的名称，它们将用于生成行车路线。

（22）单击【OK】返回新建网络数据集向导窗口。单击【下一步】。勾选 Build Service Area Index，点击【下一步】，将显示所有设置的汇总信息。

（23）单击【Finish】。将启动进度条，显示 Network Analyst 正在创建网络数据集。

注释栏：

创建网络时，系统问您是否要构建它。构建过程会确定哪些网络元素是互相连接的，并填充网络数据集属性。必须先构建网络才能对其执行网络分析。

（24）单击【Yes】，启动“构建网络数据集”进度条，构建过程结束后它会消失。

（25）新的网络数据集 Streets_ND 及系统交汇点要素类 Streets_ND_Junctions 已添加到 ArcCatalog 中。

（26）通过单击网络数据集名称并单击预览选项卡预览网络数据集。先绘制边，然后绘制交通流量。

（27）关闭 ArcCatalog。现在您可以将网络数据集添加到 ArcMap 并用它创建网络分析图层。

第二节　使用网络数据集

温馨提示：本小节实验详细操作教学视频请扫描右侧二维码获取，视频名称为“第九章第二节　使用网络数据集”。

一、查找最佳路径

（1）打开 ArcMap，单击添加数据按钮，定位到【chp09】->【data02】文件夹，单击选择【Transportation】。

（2）单击【Add】，将 Transportation 数据集添加到 ArcMap。

（3）取消 Streets_ND_Junctions 和 Streets_ND 图层前面的勾选，不显示这两个图层。

（4）单击【Customize】->【Extension】，打开扩展模块对话框，勾选【Network Analyst】，启动网络分析工具。

（5）如果未显示 Network Analyst 窗口，则需要添加该窗口。右键单击功能栏空白处，勾选【Network Analyst】，将网络分析工具栏显示在窗口。

（6）可将 Network Analyst 工具条拖动至标准工具栏固定，再在 Network Analyst 工具条上，单击【Network Analyst】，然后单击【New Route】，路径分析图层“Route”将被添加到 Network Analyst 窗口中。

（7）在 Network Analyst 工具条上，单击 Network Analyst 窗口按钮，打开可停靠的 Network Analyst 窗口，网络分析类（停靠点、路径、点障碍、线障碍和面障碍）为空。

（8）添加停靠点。在 Network Analyst 窗口中，单击【Stops（0）】。选择停靠点，这表示它是活动的网络分析类。

（9）在 Network Analyst 工具条中，单击创建网络位置工具（Create Network Location Tool）。使用创建网络位置工具单击地图，会将网络分析对象添加到活动的网络分析类中。单击街道网络中的任何位置可定义新的停靠点位置。

注释栏:

> 1. Network Analyst 会计算最近的网络位置并用"已定位"符号来符号化停靠点。该停靠点将会一直处于选中状态，除非您放置了另一个停靠点或取消了当前选中状态。
>
> 2. 定位的停靠点还将显示数字"1"。所有停靠点都具有一个唯一的数字编号，表示路径访问各停靠点的顺序。还应注意：Network Analyst 窗口中的停靠点类现在仅列出一个停靠点。

（10）在街道上的任意位置或街道附近再添加两个以上的停靠点。

注释栏：

> 1. 新的停靠点的编号为 2 和 3。第一个停靠点将视为起始点，最后一个将视为目的地。
>
> 2. 通过在 Network Analyst 窗口中单击停靠点并将其拖动到列表中的其他位置可以更改该停靠点的顺序。
>
> 3. 如果停靠点不处于网络中，它将成为"未定位"停靠点。但是，如果使用默认设置，则可能需要将停靠点放置在距最近的街道 5 千米外，才不会被定位。
>
> 4. 可以任意移动未定位停靠点使其靠近网络来定位它。如果停靠点位于网络中，但位置错误，则可以直接将其移动到正确位置上。操作步骤为在 Network Analyst 工具条上，单击选择/移动网络位置工具，单击停靠点选中它。再次单击停靠点并将其拖动到新位置。

（11）设置分析参数。指定基于行驶时间（分钟）来计算路径、在任何地点允许 U 形转弯以及必须遵守单行道和转弯限制。

（12）单击 Network Analyst 窗口中的分析图层属性按钮（Route Properties）。

（13）单击【Analysis Settings】（分析设置选项卡），确保将阻抗（Impedance）设置为【TravelTime（minutes）】[旅行时间（分钟）]。

注释栏：

> 此网络数据集具有与"TravelTime（minutes）"属性相关的历史流量数据。如果选择通过选中使用开始时间并填充它下面的三个字段来输入开始时间，则 Network Analyst 将根据该时间和历史流量速度查找最快路径。否则，它将根据街道长度和速度限制的函数查找最快路径。

（14）选中【Use Start Time】（使用开始时间），输入具体的时间和日期或星期。取消选中【Use Time Windows】（应用时间窗）。

注释栏：

> 1．对于时间，请输入要离开第一个停靠点的时间。
>
> 2．单击【星期】或【具体日期】。如果选择星期，请指定星期日和星期六之间的任一天；或者，选择“今天”以使用系统的当前日期设置。如果选择具体日期，请在文本框中输入一个日期值或单击下箭头打开一个用于选择日期的日历。
>
> 3．应用时间窗，可以为停靠点指定时间窗，并使 Network Analyst 尝试查找遵循这些时间范围（应在这些时间范围内访问某个停靠点）的路径。

（15）取消选中【Reorder Stops To Find Optimal Route】（重新排序停靠点）以查找最佳路径。

注释栏：

> 通过取消选中此属性，Network Analyst 会根据指定的停靠点顺序找到最佳路径。这通常称为流动推销员问题（TSP）。如果选中此属性，Network Analyst 会查找访问停靠点的最佳路径和最佳顺序。

（16）单击【U-Turns at Junctions】（交汇点的 U 形转弯）下拉箭头，然后选择【Allowed】。单击【Output Shape Type】（输出 Shape 类型）下拉箭头，然后选择【True Shape with Measures】（具有测量值的实际形状）。确保已选中应用等级（Use Hierarchy）和忽略无效的位置（Ignore Invalid Locations）复选框。在约束条件框中，确保已选中 RestrictedTurns 和 Oneway 选项。

（17）在方向框（Directions）中，确保距离单位设置为英里[①]，选中使用时间属性，且将时间属性设置为旅行时间（分钟）。

（18）相关参数设置好后，单击【确定】。

（19）计算最佳路径。在 Network Analyst 工具条上，单击求解按钮（Solve），路径要素将出现在地图视图中以及 Network Analyst 窗口的路径类中。

注释栏：

> 如果显示警告消息，则表示停靠点可能位于受限制的边上。使用 Network Analyst 工具条上的选择/移动网络位置工具，尝试移动一个或多个停靠点。

---

① 1 英里 = 1 609.344 米。

（20）在 Network Analyst 工具条上，单击（Directions）按钮，将打开“方向”对话框。在“方向”对话框最右端的列中，单击名为“Map”的其中一个链接。

（21）单击【Close】，关闭该窗口显示。

（22）在路径中添加障碍来表示路障，然后找出一条去往目的地的备选路径。

（23）单击（Create Viewer Window），将打开放大镜窗口。单击放大镜窗口的标题栏并拖动窗口将其定位在路径上。

（24）在 Network Analyst 窗口中的“Point Barriers”［点障碍（0）］下，单击【**Restriction (0)**】［禁止型（0）］。

（25）在 Network Analyst 工具条上，单击（创建网络位置工具）。在放大镜窗口中，单击路径上的任意位置来放置一个或多个障碍。

注释栏：

要查看障碍放置的位置，请按住 1 键，然后用“创建网络位置”工具单击地图。

（26）在 Network Analyst 工具条上，单击求解按钮（Solve），将计算避开该障碍的新的备选路径。

（27）在 Network Analyst 窗口中，右键单击【Route（1）】，然后单击【Export Data】（导出数据），将打开导出数据对话框。在输出要素类文本框中，输入或浏览到要保存结果的位置，名称可自己命名。单击【确定】。

注释栏：

1. 路径分析图层当前存储在内存中，因此如果退出 ArcMap 而不保存，分析结果将丢失。但是，如果保存了地图文档，分析图层将随它一同保存。您还可以仅导出数据，其中一种选择是将整个分析图层导出为 LYR 文件，分析属性和对象都将存储在 LYR 文件内；另一种选择是使用导出数据命令将分析的子图层保存为要素类。

2. 当提示将导出的数据作为图层添加到地图中时，请单击【否】。如果不打算继续做其他练习，请退出 ArcMap。单击【否】，放弃任何更改。

二、查找最近的消防站

（1）打开 ArcMap，添加数据，定位到【chp09】->【data02】文件夹，将 SanFrancisco.gdb 地理数据库下面的 Analysis、Basemap 以及 Transportation 数据集添加到 ArcMap。

（2）取消 Streets_ND_Junctions 和 Streets_ND 图层前面的勾选，不显示该图层。

（3）打开 Network Analyst 工具条，步骤同前述“查找最佳路径”的步骤（4）~（6）。

（4）在 Network Analyst 工具条上，单击【Network Analyst】，然后单击【New Closest Facility】。

（5）最近设施点分析图层将被添加到 Network Analyst 窗口中。

（6）在 Network Analyst 工具条上，单击 Network Analyst 窗口按钮 ，打开可停靠的 Network Analyst 窗口，最近设施点分析图层即被添加到 Network Analyst 窗口中，其中网络分析类（设施点、事件点、路径、点障碍、线障碍和面障碍）为空。

（7）添加设施点，在表示消防站的点要素图层加载设施点。在 Network Analyst 窗口中，单击【Facilities (0)】，右键单击【Load Locations】（加载位置）。

（8）从加载位置下拉列表中选择【FireStations】。

（9）单击【OK】。43 个消防站将作为设施点出现在地图中，并会在 Network Analyst 窗口中列出。

注释栏：

> 将要素图层从内容列表拖放到网络分析类中（如设施点），将其作为打开加载位置对话框的快捷方式。

（10）接下来，通过对从紧急呼叫中心获得的某一地址进行地理编码来添加事件点。

（11）在 Network Analyst 窗口中，右键单击【Incidents（0）】，然后选择【Find Address】来查找地址，将打开查找对话框。

（12）在“单行地址”文本框中，输入“1202 Twin Peaks Blvd”，勾选【Use Map Extent】。

（13）单击【Find】。输入内容所对应的街道地址位置即被找到，并且作为一行内容出现在 Find 对话框底部的表中。

（14）右键单击该行，并选择【Add as Network Analysis Object】（添加为网络分析对象）。

（15）关闭查找对话框。

（16）为最近设施点分析指定参数。单击 Network Analyst 窗口中的分析图层属性按钮 （Closest Facility Properties），将打开图层属性对话框。单击分析设置选项卡【Analysis Settings】，确保将阻抗（Impedance）设置为【TravelTime（minutes）】[旅行时间（分钟）]。

（17）取消选中【Use Time】（使用时间）。

注释栏：

> 通过使用时间参数可以指定分析的开始时间或结束时间。在此使用基于交通流量的成本属性并设置时间和日期，便可根据由交通流量引起的动态行驶时间找到最近设施点，因此本分析中不使用时间。

（18）在 Default Cutoff Value 文本框中输入 3。

注释栏：

> ArcGIS 将搜索距离 Twin Peaks Boulevard 火灾现场有三分钟车程的消防站。中断时间之外的所有消防站都将被忽略。

（19）将 Facilities To Find（要查找的设施点）数目增加至 4。

注释栏：

> 这样，ArcGIS 最多可搜索距离火灾现场最近的四个消防站。不过，三分钟中断值仍适用。因此，如果在三分钟中断范围内仅有三个消防站，将不对第四个消防站进行查找。

（20）选择【Facility To Incident】（设施点到事件点）查看行驶自方向。

注释栏：

> 搜索结果将从已被加载为设施点的消防站中得出。这就是模拟消防车从消防站开往火灾现场（事件点）的过程。

（21）单击【U-Turns at Junctions】（交汇点的 U 形转弯）下拉箭头，然后选择【Allowed】。单击【Output Shape Type】（输出 Shape 类型）下拉箭头，然后选择【True Shape with Measures】（具有测量值的实际形状）。取消选中【Use Hierarchy】（应用等级）和选中【Ignore Invalid Locations】（忽略无效的位置）复选框。在约束条件框中，取消选中【RestrictedTurns】，紧急情况下，消防车不必遵守此交通规则。

（22）在方向框（Directions）中，确保距离单位设置为英里，选中【Use Time Attribute】（使用时间属性），且将时间属性设置为【TravelTime（Minutes）】[旅行时间（分钟）]。

（23）设置好后，单击【确定】。

（24）在 Network Analyst 工具条上，单击求解按钮，路径将出现在地图视图中以及 Network Analyst 窗口的路径类中。

注释栏：

> 请注意，已将此分析配置为查找三分钟中断值范围内的四个设施点。然而，只有三个设施点在此中断范围内。

（25）在 Network Analyst 工具条上，单击 Direction 窗口按钮，将打开“方向”对话框。每个消防站的驾车方向均列于此窗口中。

（26）如果不打算继续做其他练习，请退出 ArcMap。

第三节　计算服务区和创建 OD 成本矩阵

温馨提示：本小节实验详细操作教学视频请扫描右侧二维码获取，视频名称为“第九章第三节　计算服务区和创建 OD 成本矩阵”。

（1）重新打开 ArcMap，添加数据，定位到【chp09】->【data03】文件夹，将 Paris.gdb 地理数据库下所有数据添加到 ArcMap。

（2）单击【Customize】->【Extension】，打开扩展模块对话框。

（3）勾选【Network Analyst】，启动网络分析工具。

（4）如果未显示 Network Analyst 窗口，则需要添加该窗口。在标准工具栏空白处右击，勾选【Network Analyst】，将网络分析工具栏显示在窗口。

（5）在 Network Analyst 工具条上，单击【Network Analyst】，然后单击【New Service Area】。

（6）服务区图层将被添加到 Network Analyst 窗口中。

（7）在 Network Analyst 工具条上，单击 Network Analyst 窗口按钮，打开可停靠的 Network Analyst 窗口，网络分析类（设施点、面、线，点障碍、线障碍和面障碍）为空。

（8）将仓库添加为要生成服务区面的设施点。在 Network Analyst 窗口中，点击【Facilities（0）】，再单击右键，选择【Load Locations】，将出现 Load Locations 窗口（或者，从内容列表窗口中将 Warehouses 要素图层拖放到 Network Analyst 窗口的设施点类中，也将出现 Load Locations 窗口）。其中 Load From 选择【Warehouses】，其他为默认值。

（9）点击【OK】。在 Network Analyst 窗口中，单击【Facilities (6)】左旁的加（+）号，可查看设施点列表。

（10）接下来，指定基于行驶时间（使用分钟）计算服务区。对每个设施点的三个服务区面进行计算，一个是 3 分钟，一个是 5 分钟，另一个是 10 分钟。指定行驶方向为驶离设施点，而不是驶向设施点，不允许 U 形转弯，且必须遵守单向道限制。

（11）设置分析参数。单击 Network Analyst 窗口中的分析图层属性按钮 （Properties）。

（12）单击【Analysis Settings】（分析设置选项卡），确保将 Impedance（阻抗）设置为【TravelTime（minutes）】[旅行时间（分钟）]。

（13）在默认 Default Breaks（中断文本框）中输入 3、5、10（文本格式为：3 5 10）。

（14）在 Directions（方向框）下，单击【Away From Facility】（离开设施点）。

（15）单击【U-Turns at Junctions】（交汇点的 U 形转弯）下拉箭头，然后选择【Not Allowed】。

（16）选中【Ignore Invalid Locations】（忽略无效的位置）复选框。

（17）在 Restriction（限制列表）中选中【Oneway】。

（18）单击【Polygon Generation】（面生成）选项卡。确保选中【Generate Polygons】（生成面）。对于 Polygon Type（面类型），单击【Generalized】（概化）。在 Overlap Type（叠置类型）下，单击【Rings】（环）。单击【应用】保存设置。

（19）单击【Line Generation】（线生成）选项卡。取消选中生成线。单击【确定】。

注释栏：

> 尽管您不会从本练习中生成线，但也可以选中此选项，可以输出线、面或同时输出这两种结果。

（20）单击 Network Analyst 窗口中的求解按钮 ，面要素将出现在地图视图中以及 Network Analyst 窗口的要素类中。

注释栏：

> 这些面是透明的，便于您查看其下面的街道。不过，随着中断值“Breaks”增大，您要将服务区面由暗变亮改为由亮变暗。

（21）在内容列表窗口中，右键单击 Polygons（面）图层，然后选择【Properties】（属性）。

（22）单击【Symbology】（符号系统）选项卡。单击【Symbol】（符号），然后选择【Flip Symbols】（翻转符号）。确保单击，而不是右键单击【Symbol】；否则，不会出现快捷菜单。

（23）单击【确定】。外部和内部服务区中断所在区域将有颜色的区域进行切换，使得10分钟中断所覆盖的区域更清晰。

（24）识别位于所有服务区外部的商店。在内容列表窗口中，单击【Stores】（商店），然后单击【Selection】（选择）->【Select By Location】（按位置选择）。

（25）在按位置选择对话框中，Target layer 下勾选【Stores】，Source layer 下拉选择【Polygons】，Spacial selection method for target layer feature(s)下拉选择【Intersect the source layer feature】，取消勾选【Apply a search distance】，创建选择查询，以便从完全位于面中的商店中选择要素。

（26）单击【确定】，面内的商店已被选中。

（27）不过，您还要选取服务区面外的商店。在内容列表窗口中，右键单击商店，然后单击【Select】（选择）->【Switch Selection】（切换选择）。

注释栏：

> 此时，此选择将显示不在任何服务区面内的商店的分布情况。使用此选择识别仓库新位置所在的区域，最佳区域似乎位于该地区的几何中央。

（28）在标准工具条上，单击清除所选要素按钮 。

（29）重新定位最不容易到达的仓库位置。

（30）在 Network Analyst 窗口中，选择 Facilities (6)［设施点（6）］下面的【Warehouse#2】。

注释栏：

> 查看#2 号仓库的服务区面。在仓库#2 的周围，没有任何在其 3 分钟、5 分钟或 10 分钟服务区范围内的商店。因此，要重新定位此仓库的位置，以更好地为商店提供服务。

（31）在 Network Analyst 工具条上，单击选择/移动网络位置工具 。

（32）在地图视图中，将“仓库#2”拖至地图的中央。

（33）计算服务区过程。在 Network Analyst 工具条上，单击求解按钮 ，服务区面即会出现在地图和 Network Analyst 窗口中。

（34）识别每个商店所在的服务区面。在内容列表窗口中，右键单击【Stores】（商店），然后单击【Join and Relates】（连接和关联）->【Join】（连接）。

（35）打开连接数据对话框。选择基于空间位置的另一个图层的连接数据，会将此面的属性添加至落入此面的所有点。指定一个输出 Shapefile 类或要素类以保存数据连接结果，存于 D 盘“chp09”中“result”文件目录中，并将其命名为“StoresWithPoly”。

（36）单击【OK】。ArcGIS 将执行此连接，并将新图层添加至地图文档中。

（37）在内容列表窗口中，右键单击新的 StoresWithPoly 要素图层，然后选择打开属性表。

注释栏：

表中的每行都显示商店名称和商店所落入面的名称。可以使用此表生成其他有用的目录，如在 0～3 分钟服务区内的商店数量。

（38）关闭属性表。

（39）在 Network Analyst 窗口中，右键单击【Facilities（6）】[设施点（6）]，然后选择【Export Data】（导出数据）。将打开导出数据对话框。

（40）在导出数据对话框的下拉列表中，选择【All features】（所有要素）。选择输出位置和类型（Shapefile 或要素类）。

（41）单击【确定】。随即显示提示消息，询问您是否要将导出数据添加到地图中。单击【否】。接下来，创建 OD 成本矩阵分析图层。

注释栏：

也可以创建“起始—目的地”成本矩阵，以便将货物从新仓库运送到每个商店。此矩阵的结果可用于识别 10 分钟车程内的每个仓库所要服务的商店。而且，您可以查找从每个仓库到所要服务的商店的总行驶时间。

（42）在内容列表窗口中，取消选中服务区分析图层 Service Area 和 StoresWithPoly 要素图层，以改进地图的可读性。

（43）在 Network Analyst 工具条上，单击【Network Analyst】，然后单击【New OD Cost Matrix】（新建 OD 成本矩阵）。

（44）OD 成本矩阵分析图层即被添加到 Network Analyst 窗口中。网络分析类（起始点、目的地、线、点障碍、线障碍和面障碍）为空。

（45）分析图层也将被添加到内容列表窗口中。

（46）添加起始点。在 Network Analyst 窗口中，右键单击【Origins（0）】，然后选择【Load location】（加载位置），将打开加载位置对话框。

（47）单击【Load From】（加载位置）下拉列表中的【Service Area】（服务区/设施点），选择【Facilities】。取消选中【Only load selected rows】（仅加载选定行）。在 Location Position（位置定位）下，单击【Use Network Location Fields】（使用网络位置字段）。

注释栏：

> 如果使用网络位置字段，则 ArcGIS 能够将服务区设施点的已指定的位置再次指定为起始点。同使用空间搜索重新指定相比，这要快得多。

（48）点击【OK】。6 个新的起始点即会显示在地图上，并列于起始点下 Network Analyst 窗口中。

（49）添加目的地。在 Network Analyst 窗口中，右键单击【Destinations（0）】，然后选择【Load location】（加载位置），将打开加载位置对话框。

（50）单击【Load From】（加载位置）下拉列表中选择【Stores】（商店）。在 Location Analysis Properties（位置分析属性）下，从字段下拉列表选择【NOM】作为属性名称。

注释栏：

> 由于 NASolverConfiguration.xml 文件中没有配置法语字段名称 NOM，因此，ArcGIS 无法自动映射此字段名称。

（51）点击【OK】。此时，Network Analyst 窗口中列有 21 个目的地。

（52）设置分析参数。单击 Network Analyst 窗口中的分析图层属性按钮 。

注释栏：

> 将指定基于行驶时间计算 OD 成本矩阵。要设置一个长度为 10 分钟的默认中断值，并确保在指定中断中找到所有目的地。此外，还要指定所有位置都允许 U 形转弯，输出 Shape 类型应为直线。由于所有行程均发生在道路上，因此必须遵守单行线限制。所有无效的位置（未找到的位置）都将被忽略。

（53）单击【Analysis Settings】（分析设置）选项卡，确保将阻抗（Impedance）设置为【TraveTime（minutes）】[旅行时间（分钟）]。取消选中【Use Start Time】（使用开始时间）。在默认中断文本框 Default Cutoff Value 中输入 10。确保将【Destinations To Find】（要查找的目的地）设置为【All】（全部）。单击 U-Turns at Junctions（交汇点的 U 形转弯）下拉箭头，然后选择【Allowed】。确保将 Output Shape Type（输出 Shape 类型）设置为【Straight Line】（直线）。确保选中【Ignore Invalid Locations】（忽略无效的位置）复选框。在 Restriction（限制列表）中选中【Oneway】。

（54）单击【确定】，保存设置。

（55）单击 Network Analyst 窗口中的求解按钮。OD 线将出现在地图上。在本例中有 24 条线，您计算得到的路线数可能与此不同，这具体取决于“仓库#2”重新定位后的位置。

注释栏：

> 如果未显示“服务区”图层，则打开该图层，以便在仓库服务区的顶部显示“OD Cost Matrix”图层。

（56）将商店分配给仓库。基于 OD 成本矩阵，现在可以识别每个仓库可以服务的商店。

（57）在 Network Analyst 窗口中，右键单击【Line（24）】，然后选择【Open Attribute Table】（打开属性表）。

（58）线属性表将被打开。

注释栏：

> 线属性表表示每个仓库与商店之间的距离小于等于 10 分钟车程的“起始目的地”成本矩阵。OriginID 列中包含仓库的 ID，DestinationID 列中包含商店的 ID。DestinationRank 是分配给每个目的地的等级，仓库基于总行驶时间 Total_DriveTime 来为这些目的地提供服务，这个字段就是 OD 成本矩阵。

（59）如果不打算继续做其他练习，请退出 ArcMap。

第四节　车辆配送（VRP）分析

温馨提示：本小节实验详细操作教学视频请扫描右侧二维码获取，视频名称为“第九章第四节　车辆配送（VRP）分析”。

（1）打开 ArcMap，添加数据，定位到【chp09】->【data04】文件夹，将 SanFrancisco.gdb 地理数据库下面的 Analysis、Basemap 以及 Transportation 数据集添加到 ArcMap。

（2）取消 Streets_ND_Junctions 和 Streets_ND 图层前面的勾选，不显示该图层。

（3）查看网络分析工具条是否打开，如果没有，则按前述打开网络分析工具条。

（4）在网络分析工具条上，单击【Network Analyst】，然后单击【New Vehicle Routing Problem】。

（5）车辆配送问题图层将被添加到内容列表窗口中。

（6）单击网络分析窗口按钮，多路径派发（VRP）分析图层即被添加到 Network Analyst 窗口中。网络分析类（停靠点、站点、路径、站点访问、中断、路径区、路径种子点、路径更新、特点、停靠点对、点障碍、线障碍和面障碍）为空。

（7）添加停靠点。在 Network Analyst 窗口中，右键单击【Orders（0）】选择停靠点，然后选择【Load Location】（加载位置）。

注释栏：

1. 向“停靠点”网络分析类中添加杂货店位置。您可以将这里的停靠点视为要填充的停靠点，因为每个杂货店都要求将货物从配送中心运送过来。停靠点类中的成员最终将成为车辆行驶路径沿途的站点。

2. 已经在地图文档中将杂货店的位置添加为要素图层“商店”。商店的属性包含每个商店所需的货物总重量（单位为磅[①]）、运送期间的时间窗以及访问各商店时所用去的服务时间（单位为分钟）。其中的服务时间是指卸货所需的时间。

① 1 磅 = 0.453 6 千克。

（8）打开加载位置对话框。从加载位置下拉菜单中选择【Stores】（商店）。在 Location Analysis Properties（位置分析属性）部分中，请确保 Name 属性已自动与“Name”字段匹配，而 ServiceTime 属性也与“ServiceTime”字段匹配。将 TimeWindowStart1 的字段值设为“TimeStart1”。将 TimeWindowEnd1 的字段值设为“TimeEnd1”。

（9）将 DeliveryQuantities 的字段值设为“Demand”。在 MaxViolationTime1 属性对应的默认值下输入 0。

注释栏：

1．您可以在加载位置对话框的位置分析属性部分指定商店要素类的哪些属性包含 ArcGIS Network Analyst 扩展模块，这将用于求解此车辆配送（VRP）的值。

2．ArcGIS Network Analyst 扩展模块会根据配置文件（ArcGIS 安装目录\NetworkAnalyst\NetworkConfiguration\NASolverConfiguration.xml）来尝试对新创建的车辆配送（VRP）图层的位置分析属性进行自动匹配。

3．在 MaxViolationTimel 属性对应的默认值下输入 0。将此属性设为 0 即表示不能违反时间窗。

（10）单击【OK】。Network Analyst 窗口中的停靠点下列出了 25 家商店，而且这些商店在地图上显示为停靠点。

（11）添加站点。在 Network Analyst 窗口中，右键单击【Depots（0）】，然后选择【Load Locations】（加载位置），将打开加载位置对话框。

注释栏：

货物会从单个配送中心（其位置显示于 ArcMap 中的 DistributionCenter 要素图层）发出。配送中心的营业时间为 8:00 am—5:00 pm。接下来会将此点要素添加到站点网络分析类中。

（12）从加载位置下拉菜单中选择【DistributionCenter】。在位置分析属性部分中，请确保 Name 属性已自动与“Name”字段匹配。在 TimeWindowStart1 属性的 Default Value（默认值）下输入“8AM”。在 TimeWindowEnd1 属性的默认值下输入“5PM”。

（13）单击【确定】。Network Analyst 窗口中的站点下会列出一个配送中心，而且该配送中心会在地图中显示为站点。

（14）添加路径。在 Network Analyst 窗口中，右键单击【Routes（0）】，然后选择

【Add Item】(添加项目)。

(15)新路径 Item1 会被添加到 Network Analyst 窗口的路径类下，然后打开该路径的属性窗口。

(16)在属性窗口中，指定路径的属性 Name 设置为“Truck1”，StartDepotName 和 EndDepotName 均设置为“San Francisco”，StartDepotServiceTime 设置为“60”，EarliestStartTime 和 LatestStartTime 均为“8 AM”，Capacities 设置为“15000”，CostPerUnitTime 为“0.2”，CostPerUnitDistance 为“1.5”，MaxOrderCount 为“10”，MaxTotalTime 为“360”，MaxTotalTravelTime 为“120”，MaxTotalDistance 为“80”，其他参数默认。

(17)单击【OK】。新路径 Truckl 会被添加到 Network Analyst 窗口中的路径类中。

注释栏：

由于配送中心的三辆卡车相同，所以您可以复制出第一辆卡车的两个副本，并对它们重命名。

(18)右键单击 Network Analyst 窗口中的 Truck1 路径对象，然后选择复制。

(19)右键单击 Network Analyst 窗口中的【Routes(1)类】，然后选择粘贴。

(20)此时该路径类中包含两个相同的路径对象。

(21)重复上一步骤创建第三个路径对象。

(22)双击列表中的第二个 Truck1 对象。将打开属性窗口，查看后然后关闭属性窗口。

(23)单击第二个 Truck1，停顿几秒，并输入“Truck2”按 Enter 键，将对该路径指定唯一名称。

(24)通过同样的方法将最后一条路径的名称更改为“Truck3”。

(25)设置车辆配送(VRP)分析的属性。单击 Network Analyst 窗口中的分析图层属性按钮 ，将打开图层属性对话框。

(26)单击【Analyst Setting】(分析设置)选项卡。确保将 Time Attribute(时间属性)下拉列表设置为【TravelTime(Minutes)】[驾车时间(分钟)]。单击 Distance Attribute(距离属性)下拉列表，并选择【Meters(Meters)】(米)。将默认日期设置为【Day of Week】(星期)，在星期下拉列表中选择【Monday】(星期一)。确保将 Capacity Count(容量计数)设置为 1。确保 Time Field Units(时间字段单位)选择【Minutes】(分钟)。确保将 Distance Field Units(距离字段单位)设置为【Miles】(英里)。单击【U-Turns at Junctions】(交汇点的 U 形转弯)下拉箭头，然后选择【Not Allowed】(允许)。确保将 Output Shape Type(输出 Shape 类型)设置为【Straight Line】(直线)。确保选中【Use Hierarchy】(应用等级)。

在约束条件框中，确保已选中【RestrictedTurns】和【Oneway】选项。保持方向框中选项的默认值设置。

注释栏：

1．将时间属性下拉列表设置为驾车时间（分钟）。VRP 求解程序将使用此属性来计算停靠点间及停靠点与站点间基于时间的成本。

2．距离属性可在考虑限制条件的前提下确定停靠点间及停靠点与站点间的行驶距离，并生成行车指示；但是 VRP 求解程序的目标是使时间成本最小化。

3．确保将容量计数设置为 1。此设置表示运送的货物只有一种度量值。在此情况下，度量值为重量（磅）。如果为容量指定了两种度量值（如重量和体积），则容量计数应设置为 2。

4．确保选择分钟作为时间字段单位。这将指定所有基于时间的属性（例如，停靠点的 ServiceTime 和 MaxViolationTime 以及路径的 MaxTotalTime、MaxTotalTravel-Time 和 CostPerUnitTime）都以分钟为单位。

5．这将指定所有基于距离的属性（例如，路径的 MaxTotalDistance 和 CostPerUnitDistance）都以英里为单位。

6．由于这些送货卡车很难进行 U 形转弯，请将交汇点的 U 形转弯设置为不允许。

7．如果希望路径沿街道确定，则应该选择具有测量值的实际形状。请注意，此选项只对路径的显示有影响，而对 VRP 求解程序所得出的结果没有任何作用。

（27）单击【确定】。在 Network Analyst 工具条上，单击求解按钮。

注释栏：

1. VRP 求解程序可计算停靠点服务所需的三个路径，并绘制连接各停靠点的线。每条路径的起点和终点均为配送中心，而且沿途都会经过一组停靠点。

2．如果收到任何错误信息，则应确保路径的 Capacities 属性值已设置为“15000”，而不是“15,000”，并确保路径的名称是唯一的。

（28）另外，您也可以将车辆配送（VRP）图层导出为图层文件（<文件名>.lyr），方法是在内容列表窗口中右键单击【车辆配送（VRP）】并选择另存为图层文件。这可将分析结果保存，以便将来将其添加到其他地图文档中重新使用。

（29）关闭 ArcMap。

第十章　三维分析

一、教学目的

（1）使用 ArcCatalog 查找和预览 3D 数据。

（2）根据 2D 要素和表面创建新的 3D 数据。

（3）根据点数据创建新的栅格数据。

（4）制作动画。

（5）了解如何使用 ArcGlobe 及管理数据内容。

二、教学准备

☞ 软件准备：确保您的计算机中已经正确安装了 ArcGIS 10.8 软件和 3D 分析扩展模块。

☞ 实验数据：在路径 D:\chp10 下。

本章所涉及的实验数据介绍如下：

路径	数据名称	数据格式	说明
chp10\data01	workspace 1	文件夹	基础数据
	dvim3	Tiff	用于叠加的数据
chp10\data02	workspace2	文件夹	基础数据
	wells	Shapefile	井数据
	facility	Shapefile	工厂数据
chp10\data03	Subsample_1994_CS137	Shapefile	土壤污染物浓度
	ThyroidCancerRates	Shapefile	甲状腺癌患病率
chpl0\data04\raw data	vipoints	要素类	创建 TIN 的基础点数据
	brklines	Shapefile	精细化 TIN 表面的截断线
	Cavesurvey	Shapefile	洞穴测量数据

路径	数据名称	数据格式	说明
Chpl0\data04\raw data	photo	Tiff	地图图像
	railroad	Shapefile	铁路线路
	roads	Shapefile	公路线路
	smclp	Shapefile	精细化 TIN 表面的基础数据
Chp10\data05\raw data	fly data	文件夹	创建动画所需的其他数据
	image data	文件夹	图像数据
	surface data	文件夹	地表数据
Chpl0\data06\raw data	las_vegas_area	Img	拉斯维加斯区域图像
	las_vegas_strip	Img	拉斯维加斯条带图

☞ 预备知识：

数字地形模型（Digital Terrain Model，DTM）是地形表面形态属性信息的数字表达，是带有空间位置特征和地形属性特征的数字描述。数字地形模型中地形属性为高程时称为数字高程模型（Digital Elevation Model，DEM）。

数字地形模型在工程建设方面（如公路、铁路、高压线路等工程的选线、定线和计算工程量）应用甚广，并为实现设计工作的自动化提供了条件。在地图测绘中可根据数字地形模型晒印正射影像地图和自动绘制地形图。此外，在近景摄影测量中，当观测的对象是某些表面结构复杂的物体时，也可以引用这种原理进行测绘。

Terrain 数据集是一种多分辨率的基于 TIN 的表面数据结构，它是基于作为要素存储在地理数据库中的测量值构建成的。

第一节　将影像叠加到 terrain 表面上

温馨提示：本小节实验详细操作教学视频请扫描右侧二维码获取，视频名称为“第十章第一节　将影像叠加到 terrain 表面上”。

一、查看数据

（1）单击【开始】->【所有程序】->【ArcGIS】->【ArcCatalog 10.8】，启动 ArcCatalog10.8。

（2）单击 ，定位到【chp10】->【data1】文件夹。

（3）打开 3D Analyst 扩展模块。单击【Customize】（自定义）->【Extension】，选中【3D Analyst】。

（4）单击【Close】关闭。

（5）导航到目录树中的【chp10】->【data1】进行文件夹连接。

（6）在 ArcCatalog 的目录树中，您会看见 workspace 1 文件夹和 dvim3.TIF。

（7）双击打开 workspace1 文件夹，单击【dvtin】。

（8）单击【preview】（预览）选项卡，可在 ArcCatalog 中预览 GIS 数据。

（9）单击预览下拉箭头，然后单击【3D View】。

（10）如未出现 3D 视图，在工具栏空白处右键单击，然后单击【3D View Tools】，3D 分析工具条出现且可用，预览结果也为 3D 视图效果。

注释栏：

> 1. 第一次在 3D 模式下预览数据时，导航工具为活动工具。将光标悬停在工具上即可显示工具名称。
>
> 2. 导航工具允许您在 3D 预览中通过单击与向左、右、上和下分别拖动来旋转 3D 数据并更改外观查看器的高度。

（11）单击 3D 预览的内部并向右拖动，数据围绕其中心旋转。

（12）导航工具也允许您根据在 3D 预览中拖动数据时所单击的鼠标键放大、缩小或平移数据。单击鼠标中键或同时按住两键鼠标上的左键和右键，然后向右侧拖动，指针将更改为平移指针，视图将平移数据。

（13）在 ArcCatalog 的工具栏中，单击识别按钮（Identify）并单击【Dvtin】，出现的 Identify Results 窗口会显示在表面上所单击点的高程、坡度和坡向。单击右上角的关闭识别结果窗口。

（14）在 ArcCatalog 工具栏上，单击全图按钮（Full Extent），视图将返回到数据的全图范围。

（15）您已经检查了表面数据并开始学习如何在 3D 中导航，接下来或者开始新的练习或者关闭 ArcCatalog。

二、启动 ArcScene 并叠加影像

（1）启动 ArcScene。如果刚才您没有关闭 ArcCatalog，单击 3D View（3D 视图）工具

条上的 ArcScene 按钮 启动应用程序。单击【Cancel】，关闭 ArcScene 启动对话框，然后关闭 ArcCatalog。如果 ArcCatalog 已经关闭，单击【开始】->【所有程序】->【ArcGIS】->【ArcScene】，启动 ArcScene。

（2）关闭启动对话框后，可看到空白文档页面。

（3）在 ArcScene 窗口的左侧，将光标移动到【Table of Contents】（目录）选项卡上或单击目录选项卡，目录窗口即添加到视图中，并随时可用。

（4）添加数据。点击工具栏上的，打开 Add Data 对话框，浏览至 D 盘，定位到【chp10】->【data01】->【workspacel】，单击【dvtin】。

（5）单击【Add】按钮，将其添加到 ArcScene。

（6）单击工具栏上的，打开 Add Data 对话框，浏览至【chp10】->【data0l】，单击【dvim3.TIF】。

（7）单击【Add】，添加数据。

注释栏:

影像将绘制在基础高程值为零的平面上。您只能在 terrain 低于 0 米高程（海平面）的 dvtin 图层表面上方看见该影像；在 terrain 表面的其他任何地方，该影像被隐藏起来。

（8）取消选中 dvtin 图层。现在可以看见整个影像，黑色区域是不包含数据的影像部分。

（9）叠加影像。在 ArcScene 内容列表中，右键单击【dvim3.TIF】，然后单击【Properties】（属性）。

注释栏:

已将影像添加到场景中。现在您将更改影像图层的属性以便将影像叠加到 terrain 表面上。尽管影像中显示的表面纹理信息是一个关于 terrain 的复杂信息源，但在您将影像叠加到 terrain 表面时，表面纹理与 terrain 形状之间的一些关系是十分明显的。在 ArcScene 中，您可以通过分配图层相对于表面的基本高度将图层（包括格网、影像或 2D 要素）叠加到表面上（格网或 TIN）。

（10）此时将出现 Layer Properties 对话框。单击【Base Heights】（基本高度）选项卡。单击【Floating on a custom surface】（在自定义表面上浮动）选项。

（11）单击【确定】，影像即被叠加到 terrain 表面。至此，影像显现出立体的形象特征。

（12）浏览影像，单击 （Zoom in）按钮，单击并在影像中间周围拖出一个矩形。

（13）场景将缩放至影像的中间部分。

（14）单击导航按钮 （Navigate），单击并用鼠标指针按住场景，然后慢慢向上和向左拖动该场景。场景将旋转，并且视角变低，因此看上去像是您在向下看山谷，越过了场景左侧的较高土地。

（15）单击 ，将变回全局视图。

（16）夸大 terrain。右键单击内容列表中的【Scene layers】，然后单击【Scene properties】。

注释栏：

1．Scene 属性对话框可以让您设置场景中所有图层共享的属性。

2．这些属性包括垂直夸大、背景颜色、坐标系和数据范围，以及场景的照亮方式（光源相对于表面的位置）。

（17）单击【General】（常规）选项卡。在 Vertical Exaggeration（垂直夸大）组合框中输入 2，立体形象较之前更强。

(18）单击【确定】，terrain 的外观高度较现在增加一倍。

注释栏：

1．您现在可以在场景中心的较大岩石区域和在场景左侧前部的较小岩石区域之间清楚地看到冲积扇是如何在谷底展开的。

2．已经增加了雷达影像的深度，了解了影像中的数据和 terrain 数据的一般关系，并改进了场景，这样您就可以感知到 terrain 中更多细微的变化。

（19）保存场景。单击【File】（文件），然后单击【Save As】（另存为）。

（20）打开另存为对话框，找到 chp10 文件夹，单击【保存】，保存场景名为“result01”。

（21）关闭 ArcScene 或者继续新的练习。

第二节　使蓄水层中的污染情况形象化

温馨提示：本小节实验详细操作教学视频请扫描右侧二维码获取，视频名称为“第十章第二节　使蓄水层中的污染情况形象化”。

（1）如 ArcScene 已经打开，那么新建场景文件。在工具栏点击，打开 New Document 对话框。点击【Blank Scene】。单击【OK】，打开新场景文件。

（2）如果 ArcScene 没有打开。单击【开始】->【所有程序】->【ArcGIS】->【ArcScene】，启动 ArcScene。

（3）添加数据。点击工具栏上的，打开 Add Data 对话框，浏览至【chp10】->【data02】->【workspace2】，先按住 Ctrl 键，然后再选择【congrd】和【plume】，点击【Add】。

注释栏：

【data02】文件中包含四个数据：一个显示污染源形状的 TIN（plume）数据，一个显示污染物浓度的栅格（congrd）数据以及两个显示宗地（facility）和井（wells）位置的 Shapefile 数据。

（4）继续添加数据。点击工具栏上的，打开 Add Data 对话框，浏览至【chp10】->【data02】，先按住 Ctrl 键，然后再选择【facility.shp】和【wells.shp】。

（5）单击【Add】。所有数据添加到 ArcScene 后，应该可以看到，内容列表中已添加了四个图层。

（6）右键单击内容列表中的【congrd】，然后单击【Properties】（属性）。

（7）单击【Base Heights】（基本高度）选项卡。单击【Floating on a custom surface】（在自定义表面上浮动）选项，并确保选择污染源 TIN（plume）数据作为高程表面以提供高程值。

（8）单击【Symbology】（符号系统）选项卡。确保 Show 中是按 Stretched 显示，在

Color Ramp 右边的色带上右击，单击去掉勾选【Graphic View】，单击下拉箭头，选择【Red Bright】。

（9）单击【确定】，取消选中内容列表中的【plume】。现在能够以 3D 效果查看污染源的形状和强度。

（10）单击【Wells】，然后右击选择【Properties】。

（11）单击【Extrusion】（拉伸）选项卡。选中复选框启用 Extrude features in layer 拉伸图层中的要素选项，然后单击计算拉伸表达式按钮 。单击【WELL_DPTH】，单击【OK】。在 Apply Extrusion by 下单击下拉箭头，选择【adding it to each feature's base height】（将拉伸表达式添加到各个要素基本高度）。

注释栏：

1. 有些井位于污染源区域内。不过，由于污染范围广，在较深的地方污染程度不是很严重，因此我们很难知道哪些井受影响最严重。为了查看哪些井与污染源相交，您需要根据井要素的深度属性来拉伸井要素。

2. 将井点显示为垂直线，其长度与井深相同。此信息存储在 WELL_DPTH 字段中。

3. 通过将拉伸表达式添加到各个要素的基本高度上来应用拉伸表达式。由于井的深度以负值表示，因此将向下拉伸井要素。

（12）单击【确定】。可以看到井与污染源相交或靠近污染源的位置。

（13）右键单击【Facility】，然后单击属性【Properties】。

（14）单击拉伸选项卡。选中拉伸图层中的要素选项，然后单击计算拉伸表达式按钮，单击【PRIORITY1】，输入“*100”。单击【OK】，将在拉伸值或表达式文本框中显示创建的表达式。

（15）接着，继续单击【Symbology】（符号系统）选项卡。先单击【Quantities】（数量），再单击【Value】（值）下拉列表，然后单击【PRIORITY1】。

（16）单击【确定】以关闭图层属性对话框。

（17）单击 （保存）按钮，保持场景，存到 data02->results 文件夹下。

第三节 使土壤污染和甲状腺癌患病比率之间的关系形象化

温馨提示：本小节实验详细操作教学视频请扫描右侧二维码获取，视频名称为“第十章第三节 使土壤污染和甲状腺癌患病比率之间的关系形象化”。

（1）如果 ArcScene 已经打开，那么新建场景文件。在工具栏点击，打开 New Document 对话框。点击【Blank Scene】，单击【OK】，打开新场景文件。

（2）如果 ArcScene 没有打开。单击【开始】->【所有程序】->【ArcGIS】->【ArcScene】，启动 ArcScene。

（3）添加数据。点击工具栏上的，打开 Add Data 对话框，浏览至【chp10】->【data03】文件夹，按住 Ctrl 键，同时选择【Subsample_1994_CS137.shp】和【ThyroidCancerRates.shp】。

（4）单击【Add】。可以看到，内容列表中已添加了两个图层。

（5）在 ArcScene 工具栏上，单击打开 ArcToolbox 工具栏，在 ArcToolbox 下单击【3D Analyst Tools】->【3D Features】->【Feature To 3D By Attribute】，打开 Feature To 3D By Attribute 工具对话框。

（6）在 Feature To 3D By Attribute 工具对话框中，单击输入要素下拉列表，然后单击【Subsample_1994_CS137】。单击【浏览】，然后将输出要素类位置设置为 chp10 文件夹下，然后输入输出要素名称“CS137_3D”。单击 Height Field（高度字段）下拉列表，然后单击【CS137_CI_K】。

（7）单击【OK】。处理结束后，要素将直接添加到内容列表中。

注释栏：

1．如遇到问题，点击【Geoprocessing】->【Geoprocessing Options】打开地理处理选项对话框，去掉【Background Processing】前面的勾选。默认情况下，此功能将在安装和打开软件时启用。

2．要素被转换为 3D 点要素，但这些要素仍将显得如同位于平面上一般，因为 CS137 浓度值的范围为 0～208.68，相对于数据的水平范围而言很小。

（8）单击【View】（视图），然后单击【Scene Properties】（场景属性）。

（9）Scene Properties 对话框打开后，再单击【General】（常规）选项卡。单击【Calculate From Extent】（基于范围进行计算）按钮。

（10）单击【确定】。

（11）单击全图按钮。

（12）既然新的 3D 点已显示在场景中，您可以关闭原始 CS137 采样点图层。取消选中内容列表中 Subsample_1994_CS137 旁边的复选框，然后单击复选框旁边的减号隐藏该分类。

（13）右键单击【ThyroidCancerRates】，然后单击【Properties】，它表示的是甲状腺癌患病率数据。

（14）单击【Extrusion】（拉伸）选项卡。选中拉伸图层中的要素选项，然后单击计算拉伸表达式按钮。

（15）单击【INClD1000】（每 1000 人中的发病率），再在 Expression 表达式中输入“*100”。单击表达式构建器对话框中的【OK】。

（16）返回到图层属性对话框。

（17）在图层属性对话框中，单击【确定】。

注释栏：

1. 此时，该地区的各质心点将显示出与患甲状腺癌比率成正比的圆柱。如果在此场景中漫游，通常您会发现污染程度最高的地区患甲状腺癌的比率也较高，但同时也存在某些地区 CS137 污染程度较低而患癌症比率却较高的情况。

2. 您可能了解采样点处土壤的 CS137 浓度，但却不了解采样点之间位置的污染浓度。获得采样点之间位置的浓度信息的一种方法是将点数据插值成栅格表面。插值成此类表面的方法有许多种，而不同的插值方法将产生精度各不相同的模型。在本练习中，您将使用反距离权重（IDW）插值法将样本插值成表面。IDW 插值法将根据数据点的值计算输出栅格中每个单元的值，较近的点影响较大，较远的点影响较小。

（18）在工具栏找到，单击展开工具箱，再展开 3D Analyst Tools，导航至 Raster Interpolation（栅格插值工具集），找到 IDW 地理处理工具。

（19）然后双击【IDW】，打开 IDW 地理处理工具。单击【Input point features】（输入

点要素）下拉列表，然后单击【Subsample_1994_CS137】。单击 Z value field 下拉列表，然后单击【CS137_CI_K】。确认输出栅格位置为 chp10 文件夹下，命名为“CS137_IDW”。单击【Output Cell Raster】（输出像元大小），然后将值增大到 5000。

（20）单击【OK】，如果出现地理处理结果，处理完成后关闭即可。栅格图层会直接添加到内容列表中。

（21）右键单击【CS137_IDW】，然后单击【Properties】（属性）。

（22）单击【Symbology】（符号系统）选项卡，然后在【Show】（显示）类别中选择【Stretched】（拉伸）。右击【Color Ramp】（色带），去掉【Graphic View】前面的勾选，并下拉箭头选择【Orange Bright】，然后单击【应用】。

注释栏：

表面添加到场景后，您会发现其中两个区域的 CS137 浓度非常高。您可以在透视图中使用新色带查看该表面以便更好地显示其形状。

（23）继续单击【Base Heights】（基本高度）选项卡。单击【Floating on a custom surface】（在自定义表面上浮动）。确认 IDW 表面已作为自定义表面列出。

（24）单击【确定】。取消选中内容列表中的【CS137_3D】，现在您可以查看 CS137 污染的插值表面和患甲状腺癌比率的数据关系。

（25）接下来，您需要选择甲状腺癌患病比率最高的地区中心。单击【Selection】（选择），然后单击【Select By Attributes】（按属性选择）。

注释栏：

需要选择甲状腺癌患病比率最高的地区中心。有时关注特定数据集或特定要素非常重要。您可以通过要素的位置和属性或通过选择要素工具单击要素的方式在场景中选择要素。按属性选择地区中心便可以找到最高比率所处的位置。

（26）单击 Layer（图层）下拉箭头，然后单击【ThyroidCancerRates】。双击字段列表中的【INCID1000】。单击“>=”按钮，输入 0.5。单击【Verify】（验证）检查刚刚构建的选择表达式。当 Verifying expression 对话框显示“The expression was successfully verified”时，单击【确定】。

（27）单击【OK】，此时场景中选中的是甲状腺癌患病比率大于每 1000 人中 0.5 个病例的区域中心。这些区域中心将以浅蓝色绘制（高亮显示），表示它们已被选中。

（28）需要研究所选位置的属性，从而查明这些地区中患甲状腺癌的病例数。右键单击【ThyroidCancerRates】，然后单击【Open Attribute Table】（打开属性表）。

（29）图层属性表窗口将出现在视图中。在表窗口中，单击已选择按钮 。

（30）右键单击【CASES】字段，然后点击【Sort Ascending】（升序排列）。

（31）各个选择的区域中心将根据病例数进行升序排列，右键单击【CASES】字段，然后点击【Statistics】（统计数据）。

（32）在选中的一组 11 个区域中心中，病例总数为 176。关闭 Selelction Statistics of ThyroidCancerRates（所选内容的统计数据）对话框。

（33）在表上单击鼠标左键不放，将表拖动到窗口下面，松开鼠标，表将固定在窗口下方，此时您还可以进行其他操作。

（34）单击导航按钮，然后在场景中单击，属性表呈打开状态时，您可以在 ArcScene 中继续进行操作。同时，也可以看到土壤污染浓度与甲状腺癌患病率具有一定的相关性。

（35）单击保存按钮 ，完成本练习的操作。

第四节　构建 TIN 来呈现 terrain

温馨提示：本小节实验详细操作教学视频请扫描右侧二维码获取，视频名称为“第十章第四节　构建 TIN 来呈现 terrain”。

（1）如果 ArcScene 已经打开，那么新建场景文件。在工具栏点击 ，打开 New Document 对话框，点击【Blank Scene】，单击【OK】。

（2）如果 ArcScene 没有打开。单击【开始】->【所有程序】->【ArcGIS】->【ArcScene】，启动 ArcScene。

（3）添加数据。点击工具栏上的 ，打开 Add Data 对话框，浏览至【chp10】->【data04】->【row data】，按住 Shift 键，同时选中全部数据添加到 ArcScene 中。如弹出警告窗口，点击【No】。

（4）可以看到，内容列表中已添加了六个图层。

（5）右键单击【Cavesurvey】，再单击【Zoom To Layer】（缩放至图层）。

注释栏：

> 1．洞穴测量数量 Cavesurvey 由 Polyline 的 Z 要素组成，这些要素会在 3D 中自动进行绘制，因为其几何中嵌有 Z 值。这些绘制的数据显示在其余数据的上方，因为所有其他图层在绘制时的默认高程均为 0。
>
> 2．在接下来的步骤里，将使用各种地理处理工具构建 TIN，从而为街道提供基本高度，并提供一张城镇的照片。

（6）在工具栏中点击导航按钮，在场景中按住鼠标上移，然后松开鼠标，查看结果。

一、基于点数据构建 TIN

（1）在工具栏找到 Arc Toolbox 工具箱按钮 ，单击展开工具箱，然后展开 3D Analyst Tools，导航 Data Management（数据管理）工具集，展开 TIN，然后双击【Create TIN】（地理处理工具）。

（2）单击浏览按钮，找到本章练习数据 chp10->data04 下面的 results 文件夹，将输出 TIN 的名称保存为“tin1”。单击输入要素类下拉列表，点击【Vipoints Point】。SPOT 字段名会出现在 height_field 列中，并且该图层会将三角形化为离散多点。

（3）单击【OK】。TIN 将随即创建并添加到场景中。

注释栏：

> 1．tin1 绘制在 Cavesurvey 图层的上方。
>
> 2．tin1 中的高程值定义其基本高度。

二、向 TIN 中添加要素

（1）在工具栏找到工具箱，单击展开工具箱，然后展开 3D Analyst Tools，导航 Data Management（数据管理）工具集，展开 TIN，然后双击地理处理工具【Edit TIN】（编辑 TIN）。

（2）单击 Input TIN（输入 TIN）下拉菜单，再单击【tin1】。单击 Input Feature Class（输入要素类）下拉列表，再单击【railroad】，单击 Height_Field 下拉箭头，再单击【<None>】，单击 Type 下拉箭头，再单击【Soft_Line】（软短线）。单击 Input Feature Class（输入要素

类）下拉列表，再单击【brklines】。编辑 TIN 工具会检测到 ELEVATION 字段，并将它作为高度源。您将接受默认值并将三角形化为硬截断线。单击 Input Feature Class（输入要素类）下拉列表，再单击【smclp】，单击 height_field 下拉箭头，再单击【<None>】，单击 Type 下拉箭头，再单击【Soft_Clip】（软裁剪）。

（3）单击【OK】，这些新要素就随即被添加到 tin1 上。

三、设置基于 TIN 的要素基本高度

（1）右键单击【roads】，再单击【Properties】（属性）。

（2）单击【Base Heights】（基本高度）选项卡，单击【Floating on a custom surface】（在自定义表面浮动）。再单击下拉箭头，选择【tin1】。

（3）单击【确定】，道路要素将随即叠加在所创建的 TIN 表面上。

（4）右键单击【railroad】，再单击【Properties】（属性）。

（5）单击【Base Heights】（基本高度）选项卡，单击【Floating on a custom surface】（在自定义表面浮动）。再单击下拉箭头，选择【tin1】。

（6）单击【确定】，铁路要素将随即叠加在所创建的 TIN 表面上。

四、设置基于 TIN 的栅格基本高度

（1）右键单击【photo.tif】，再单击【Properties】（属性）。

注释栏：

利用在场景中包含城镇的航空照片可使洞穴与城镇之间的关系更为清晰。您将在 TIN 上叠加栅格并使其保持一定程度的透明，以便能够看到表面以下的洞穴。

（2）单击【Base Heights】（基本高度）选项卡，单击【Floating on a custom surface】（在自定义表面浮动）。再单击下拉箭头，选择【tin1】。单击【Display】（显示）选项卡，在 Transparency（透明度）文本框中输入 30。

（3）单击【确定】。

五、清理场景

（1）取消选择【vipoints point】、【brklines】和【tin1】。

注释栏：

> 为了清理场景，可关闭一些不再需要的图层的显示并使洞穴的线符号加宽。

（2）单击 Cavesurvey 图层的线符号。在宽度框中，输入“5”。

（3）单击【确定】。

注释栏：

> 现在，可看到经过粗线符号化之后的三维洞穴通道。表面要素和航空照片提供背景，以便您在场景中导航时能够轻松看到洞穴与城镇之间的关系。

六、创建 terrain 的剖面、通视线

（1）单击【开始】->【所有程序】->【ArcGIS】->【ArcMap 10.8】，启动 ArcMap。

注释栏：

> 洞穴的走势顺应谷底的走向。为了解山谷的形状，将创建一个横断 TIN 的剖面。要创建剖面，首先必须拥有 3D 线（要素或图形）。您将启动 ArcMap，向地图添加 TIN 并且数字化，以建立剖面。

（2）单击【Customize】->【Extension】，打开扩展模块对话框。

（3）勾选【3D Analyst】，启动 3D 分析工具。

（4）如果未显示 3D Analyst 工具栏，则需要添加该窗口。在空白处右击，勾选【3D Analyst】，将 3D 分析工具栏显示在窗口。

（5）3D 分析工具栏添加到工具栏中。

（6）单击添加数据按钮，定位到【chp10】->【data04】文件夹，将前面做好的 tin1 添加到 ArcMap。如果有提示出现，则单击【OK】，关闭未知的空间参考警告消息框。

（7）从 3D Analyst 工具条中，单击插入线按钮（Interpolate Line）。

（8）单击 TIN 的左上角，将线拖到右下角，然后通过双击来停止数字化。

注释栏：

> 您可沿着带有多条线段的线创建剖面，但是在本例中，您将仅数字化一条直线。

（9）单击剖面图工具（Profile Graph）将创建剖面图。

注释栏：

> 您可编辑该图的标题、副标题及其属性：保存、打印或导出该图；将它复制到剪切板以及布局上显示该图；也可仅关闭该图即可。

（10）创建通视图。单击创建通视线按钮（Create Line of Sight），在 Observer offset 文本框中输入“2”。

注释栏：

> 1. 了解地形的另一种方式就是创建通视线。通视线可说明沿着观察点的视线观察时表面的哪些部分可见以及哪些部分不可见。
>
> 2. 对通视线进行计算，从而显示出从两米高的观察点处观察时哪些部分是可见的（该场景的 Z 单位为米）。

（11）单击 TIN 的右上部分中地势较高区域的南坡（观察点），向左下部分拖出一条线，然后单击释放鼠标键（目标点）。

注释栏：

> 1. 将计算通视线。绿色线段表示可从观察点看到的区域；红色线段表示从观察点看不到的区域。
>
> 2. 通视线与其他图形线一样，可从 ArcMap 复制到 ArcScene。

（12）关闭通视线对话框。可在 ArcMap 与 ArcScene 中单击保存，至此，这一小节的创建 TIN 的剖面与通视情况的操作结束。

第五节　使用动画

温馨提示：本小节实验详细操作教学视频请扫描右侧二维码获取，视频名称为“第十章第五节　使用动画”。

（1）如果 ArcScene 已经打开，那么新建场景文件。在工具栏点击，打开 New Document 对话框。点击【Blank Scene】，单击【OK】。

（2）如果 ArcScene 没有打开。单击【开始】->【所有程序】->【ArcGIS】->【ArcScene】，启动 ArcScene。

（3）添加数据。点击工具栏上的，打开 Add Data 对话框，浏览至【chpl0】->【data05】->【raw data】，将其下 fly data、image data 和 surface data 文件夹下的数据全部添加到 ArcScene。

（4）单击【Add】。可以看到，内容列表中已添加了多个图层。

（5）在内容列表里右击【Photo.sid】，选择【Properties】（属性）。

（6）单击【Base Heights】（基本高度）选项卡，单击“在自定义表面浮动”。在单击下拉箭头，选择【dtm_tin】。单击【Display】（显示）选项卡，在 Transparency（透明度）文本框中，输入 30。

（7）在内容列表里右击【Topo.sid】，选择【Properties】（属性）。打开图层属性对话框，单击【Base Heights】（基本高度）选项卡，单击“在自定义表面浮动”，再单击下拉箭头，选择【dtm_tin】。然后，点击【OK】。

一、捕获透视图作为关键帧以创建动画

（1）在 ArcScene 的工具栏上点击右键，调出 Animation 工具栏。在其上单击捕获视图按钮（Capture View），创建可显示场景全图范围的照相机关键帧。

（2）右键单击 UFO.lyr 图层，然后单击“缩放至图层”。

（3）单击捕获视图按钮，创建可显示 UFO 图层的照相机关键帧。

（4）单击全图按钮，以查看所有数据。

（5）在工具条上，单击放大按钮，缩放至邻近视图中心的 Gross Heights。

（6）单击捕获视图按钮，创建可显示 Gross Heights 的照相机关键帧。

（7）单击全图按钮，以查看所有数据。

（8）再次使用放大工具，缩放 Littleville Lake。

（9）单击捕获视图按钮，创建可显示 Littleville Lake 的照相机关键帧。

（10）单击全图按钮。

（11）单击打开动画控制器按钮。

注释栏：

1. 刚刚捕获的这些视图将在照相机轨迹中储存为一组照相机关键帧。播放该轨迹时，将在关键帧之间显示平滑动画。 2. 若动画工具条悬浮在窗口上，单击并按住动画工具条，将该工具条拖动到场景的右上角，以免其阻挡您查看工具或数据时的视线。

（12）从动画工具栏中，打开“动画控制器”，然后单击播放按钮。

注释栏：

通过在轨迹中的关键帧之间插入照相机位置来回放动画。在这种情况下，动画将通过您捕获的视图来显示虚拟浏览。

（13）单击【Animation】（动画），然后单击【Clear Animation】（清除动画）。

注释栏：

该操作可以擦除您创建的所有轨迹，现在删除刚刚创建的轨迹，以改进您的动画。

二、录制导航

（1）单击飞行工具（Fly）。使用飞行工具可在场景中飞行。

注释栏：

为动画创建照相机轨迹的另一种方法，是在场景中导航期间进行实时录制。在本节中，将在使用飞行工具导航期间录制场景的视图。

（2）单击录制按钮 开始录制导航。

注释栏：

1. 单击“录制”按钮后，ArcScene 即开始进行录制。如果您不立即进行导航，轨迹将会反映出来。 2. 点击“录制”后，该按钮就会从黑色变成红色，您将知道您在录制。

（3）在场景的中心单击一次，以激活飞行工具。可通过进入悬停模式来启动飞行。

注释栏：

在此模式下，您的视点将跟随着光标，指向要查看的方向。

（4）在场景的中心再次单击，以便开始在场景中飞行。

注释栏：

指向要移动至的方向。再次单击可以加速，而右键单击可以减速。ArcScene 窗口左下角的状态栏中指示速度。

（5）按 Esc 键可以停止飞行。也可以通过单击鼠标中键或滚轮来停止飞行，或者单击右键至速度为零。

（6）单击停止按钮结束录制。

注释栏：

您已将在场景中的飞行路径录制为新的照相机轨迹，该轨迹从单击录制按钮时开始，单击停止按钮时结束。

（7）单击全图按钮 。

（8）单击播放按钮 ，观看录制的动画。

（9）单击动画，然后单击【Clear Animation】（清除动画）。

注释栏：

观看完您录制的动画后清除该轨迹，以便在下一节中录制质量更好的动画。

三、使用组动画在图层之间切换可见性

（1）单击【Animation】（动画），然后单击【Create Group Animation】（创建组动画）。

（2）在“Select a group layer”下，选择名为 Top-level layers，将 Fading transition（淡化过渡滑块）向右移动约全长的四分之一距离。

（3）单击【OK】。

注释栏：

> 刚刚创建的图层轨迹将切换各个图层，以动画方式显示这些图之间的变化。您修改的过渡设置将循序渐进地显示图层之间的平滑混合。

（4）单击播放按钮 ▶ 观看动画。

四、沿预定义路径移动对象

（1）在内容列表中，通过选中 Flight Path 图层来开启该图层。

（2）右键单击【Flight Path】，指向选择，然后单击【Select All】（全选）。

（3）单击【Animation】（动画），然后单击【Move Layer along Path】（沿路径移动图层）。

（4）单击图层下拉箭头，然后单击【UFO.lyr】，键入 Vertical offset（垂直偏移）值为 75，这会使得对象看上去是在表面上方飞行的。

注释栏：

> ArcScene 通过使对象（如飞机）指向其移动方向并使其从一侧向另一侧滚动（看上去似乎在倾斜飞行），可以改善对象沿路径飞行的模拟效果。

（5）单击【Orientation settings】（方向设置），以便在进行动画显示时修改图层的位置。单击【Calculate From Path】（根据路径计算），基于路径的形状计算图层的滚动，编辑 1 作为【with a scale factor】比例因子，单击【OK】。

（6）单击【Import】（导入），将所选线导入为飞行路径。

注释栏：

> UFO 图层沿所选路径移动。在图层动画轨迹中，此移动将被储存为一组图层关键帧。

（7）单击【Animation】（动画），然后单击【Animation Manager】（动画管理器）。

（8）单击【Tracks】轨迹选项卡，除了勾选“Track from path”，其他轨迹全都取消选中，单击【Close】（关闭）。

（9）取消选中 Flight Path 以关闭此图层的可见性。

（10）单击播放按钮 ▶ ，UFO 将沿着指定的路径飞行。

（11）单击文件，然后单击【Save As】，打开保存对话框，找到要保存的文件夹，这样就创建了用于储存动画轨迹的新的 scene 文档。

第六节　ArcGlobe 基础知识

温馨提示：本小节实验详细操作教学视频请扫描右侧二维码获取，视频名称为“第十章第六节　ArcGlobe 基础知识”。

一、在 ArcGlobe 中检查默认图层

（1）单击【开始】->【所有程序】->【ArcGIS】->【ArcGlobe 10.8】，启动 ArcGlobe 10.8。

（2）在 ArcGlobe 的启动对话框中，单击【浏览】。然后将默认地理数据库路径设置为“D:\chp10\data06\3d.gdb”。

（3）单击【确定】关闭启动对话框。ArcGlobe 启动，并加载其默认在线图层。

（4）单击工具条中的【Customize】（自定义），然后单击 ArcGlobe 选项【ArcGlobe Option】。

（5）单击【Default Layers】（默认图层）选项卡，查看 ArcGlobe 的所有启动图层选项。

注释栏：

该数据将作为“世界影像（3D）”图层文件通过 ArcGIS Online 进行安装，世界影像还包括边界和地点的图层、交通的图层、分辨率大约为 30 米的美国连续地区的高程图层、每像素分辨率约为 90 米或者 1 千米的世界高程图层。因此，将使用 ArcGlobe 的默认在线图层。由于默认在线图层为实时网络图层，所以需要 Internet 连接。

（6）单击【确定】。

（7）单击内容列表中的按类型列出按钮 （List By Type）。

注释栏：

> ArcGlobe 根据图层类型对图层进行分类，会将图层分类为高程图层、叠加图层或浮动图层。高程图层为地球表面提供地貌。叠加图层使用地球表面作为其基本高度的源。浮动图层独立显示地球表面，并可叠加到离散表面上或根据属性或常数值获取其高程。

二、添加更多数据

（1）在 ArcGlobe 窗口的右侧，将光标移动到 Catalog 选项卡，该目录窗口在视图中可见。还可单击标准工具条上的 Catalog 按钮。

（2）导航至 D 盘 chp10 中的 data06 文件夹。单击 raw data 中的【las_vegas_area.img】。

（3）将这个所选图层拖到 ArcGlobe 的 3D 视图中，然后释放鼠标。影像图层将作为叠加图层自动添加到内容列表中。

三、在内容列表中更改图层的绘制优先级

（1）右键单击【las_vegas_area.img】，然后单击“缩放到图层”。由于设置的绘制优先级，您将无法查看该影像，因为 Imagery 图层将绘制到 las_vegas_area.img 图层的上面。

（2）单击并按住【las_vegas_area.img】，然后将其拖动至 Imagery 图层之上。将要放置图层的位置会显示一条黑线。

（3）释放鼠标的指针以将图层放置在新位置。此时，在视图中央即可显示 las_vegas_area.img。

四、在地球模式中进行导航

（1）单击全图按钮 ，地球将显示全景。

（2）单击地球缓慢地向右上拖动，然后释放鼠标指针。地球将旋转，并且视角变低，这样您将获得另一个有利于观察的位置。

（3）右键单击地球，然后向下拖动。指针将改为放大指针 ，地球上的视图将放大。要缩小视图，右键单击地球，然后向上拖动。

（4）单击全图按钮 。

五、旋转工具条

（1）右键单击菜单区域，然后单击【Spin】（旋转）。旋转工具条将显示为浮动式工具条。

（2）单击逆时针选择按钮，地球将绕 Z 轴逆时针连续旋转。

（3）单击速度文本框上的向上箭头，增大地球旋转的速度。

（4）单击停止按钮（Stop Spin）停止地球旋转，或者按 ESC 停止地球旋转。

六、在地球上查找地点

（1）单击查找按钮（Find）。

注释栏：

> 如果连接了 Internet，可通过使用查找对话框中的“ESRI 在线地点查找器”查找世界位置。

（2）单击【Location】（位置）选项卡。单击选择定位器下拉列表，然后单击【World Geocode Service（ArcGIS Online)】。在地点名称文本框中输入“Las Vegas”，单击【查找】。

（3）右键单击【Las Vegas，Nevada】，然后单击【Create Bookmark】（创建书签）。

（4）右键单击【Las Vegas，Nevada】，然后单击【Zoom To】（缩放至）。

（5）单击【取消】关闭查找对话框。

注释栏：

> 查找工具是定位世界中几乎所有地点的简便方法。使用此工具定位感兴趣点，然后使用书签保存这些地点的透视图。

第十一章　地统计分析

一、教学目的

（1）使用默认参数创建表面。

（2）多途径浏览臭氧浓度数据。

（3）绘制臭氧浓度图。

二、教学准备

☞　软件准备：确保您的计算机中已经正确安装了 ArcGIS 软件和地统计分析扩展模块。

☞　实验数据：在路径 D:\chp11 下。

本章所涉及的实验数据介绍如下：

路径	数据名称	数据格式	说明
chp11\data01	ca_ozone	地理数据库	基础数据
	ca_cities_ozone	Shapefile	臭氧浓度数据
	kriging compare	工程文件	克里金插值数据

☞　预备知识：

（1）地统计及其核心

地统计——以区域化变量理论为基础，以变异函数为主要工具，研究那些既具有随机性又具有结构性，或空间相关性和依赖性的自然现象的一门科学。

地统计分析的核心：通过对采样数据的分析和对采样区地理特征的认识选择合适的空间内插方法创建表面。

地统计分析的特点：既考虑到样本值的大小，又重视样本空间位置及样本间的距离，弥补了经典统计学忽略空间方位的缺陷。

（2）区域化变量

当一个变量呈现为空间分布时，就称为区域化变量（regionalized variable）。用区域化变量来描述的现象称为区域化现象。

区域化变量具有两个最显著，而且也是最重要的特征，即随机性和结构性。

随机性：区域化变量是一个随机变量，它具有局部的、随机的、异常的特征。

结构性：变量在点 x 与偏离空间距离为 h 的点 $x+h$ 处的值 $Z(x)$ 和 $Z(x+h)$ 具有某种程度的相似性，即自相关性，这种自相关性的程度依赖于两点间的距离 h 及变量特征。

（3）地统计分析过程

获取原始数据，检查分析数据：分析数据集的统计属性，对数据进行深入的了解。找寻数据暗含的特征和规律。数据检查内容包括检验数据分布、寻找数据离群值、全局趋势分析、探测空间自相关及方向变异，以及多数据集协变分析。比如是否为正态分布、有没有趋势效应、各向异性等。

模型拟合：选择合适的模型进行表面预测，包括半变异模型的选择和预测模型的选择。

模型诊断：评估模型的输出（表面），了解所选模型对未知值的预测效果。诊断的主要内容包括预测的准确性和模型的有效性。

模型对比：通过设置不同的参数或者选择多个可选模型创建表面，通过对比分析可以确定哪个模型对未知值的预测更好。

第一节 使用默认参数创建表面

温馨提示：本小节实验详细操作教学视频请扫描右侧二维码获取，视频名称为“第十一章第一节 使用默认参数创建表面”。

一、启动 ArcMap 并启用和添加 Geostatistical Analyst 工具条

（1）单击【开始】->【所有程序】-> 【ArcGIS】->【ArcMap 10.8】启动 ArcMap。

（2）在 ArcMap 的启动窗口中单击【取消】。如果您先前已选择不显示此窗口，则此窗口可能不会打开。

（3）在主菜单上，单击【Customize】->【Extensions】。

（4）选中【Geostatistical Analyst】复选框。

（5）单击【Close】关闭。

（6）在主菜单上，单击【Customize】->【Toolbars】->【Geostatistical Analyst】。Geostatistical Analyst 工具条即被添加到 ArcMap 会话中。

注释栏：

扩展模块和工具条仅需启用和添加一次。下次启动 ArcMap 时，即会自动激活并显示它们。

二、向 ArcMap 会话添加数据

（1）单击标准工具条上的添加数据按钮 。导航至本章数据的文件夹【chp11】->【data01】，双击【ca_ozone.gdb】地理数据库，按住 Ctrl 键并选择【O3_Sep06_3pm】和【ca_outline】两个数据集，单击添加【Add】。

（2）右键单击内容列表中的 ca_outline 图层图例（图层名称下面的框），然后单击【No Color】，将只显示加利福尼亚州的轮廓。您可以查看将在本教程中于该图层下面创建的任何图层。

（3）双击内容列表中 O3_Sep06_3pm 图层的名称，在 Layer Properties（图层属性）窗口中，单击【Symbology】（符号系统）选项卡。在 Show（显示）窗口中，单击【Quantities】（数量），然后单击【Graduated colors】（分级色彩）。在 Fields（字段）框中，将 Value（值）设置为【OZONE】。在 Color Ramp（颜色表）中选择“白色过渡到黑色”色带，以便这些点凸显出来，单击【确定】。

三、保存地图文档

（1）在主菜单上，单击【文件】->【保存】。

（2）浏览至工作文件夹【chp11】->【results】，在文件名文本框中，输入“Ozone Prediction Map.mxd”，然后单击【保存】。

四、使用默认选项创建表面

（1）单击 Geostatistical Analyst 工具条上的 Geostatistical Analyst 下拉箭头，然后单击【Geostatistical Wizard】（地统计向导）。

（2）将弹出 Geostatistical Wizard（地统计向导）窗口。在 Geostatistical methods（方法列表框）中，单击【Kriging \ CoKriging】（克里金法\协同克里金法）。单击 Source Dataset（源数据集）箭头，然后选择【O3_Sep06_3pm】。单击 Data Field（数据字段）箭头，然后选择【OZONE】。

（3）单击【Next】，单击【Ordinary】（普通）。“预测图”输出类型（Output Surface Type）为【Prediction】，单击【Next】。

注释栏：

将显示半变异函数\协方差模型，这样便可检查测量点之间的空间关系。您可假设距离较近的事物比距离较远的事物更相似。通过半变异函数可探索该假设。通过拟合半变异函数模型来获得数据中空间关系的过程被称为变异分析。

（4）单击【Next】。

注释栏：

十字光标显示没有测量值的位置。要预测出十字光标处的值，可利用已测量位置的值。您知道，对于未测量位置的值而言，距它最近的已测量位置的值与其最为相近。图中为红点赋予的权重（或对未知值的影响）将大于绿点，因为红点更接近预测位置。通过使用周围的点以及之前拟合出的半变异函数\协方差模型，可预测出未测量位置的值。

（5）单击【Next】。

注释栏：

交叉验证图让您了解模型对未知位置的值所做预测的准确程度。

（6）单击【Finish】。

注释栏：

方法报告窗口用于汇总与创建输出表面所用方法（及其相关参数）有关的信息。

（7）单击【OK】，预测的臭氧地图以置顶图层的形式添加到内容列表中。

（8）在内容列表中双击 Kriging 图层，打开 Layer Properties（图层属性）窗口。

（9）单击【General】（常规）选项卡，将该 Layer Name（图层名称）更改为“Default Kriging”，再单击【应用】。

（10）单击【Extent】（范围）选项卡。在 Layer Properties 窗口中，单击【Extent】将范围设置为【Set the extent to】中的下拉箭头，选择【the rectangular extent of ca_outline】，然后再点击【确定】，插值区域会扩展以覆盖整个加利福尼亚州。

（11）右键单击内容列表里的图层数据框【Layer】，单击【Properties】（属性）。

（12）然后单击【Data frame】（数据框）选项卡。单击 Clip Option（裁剪）选项箭头，选择【Clip to Shape】（裁剪至形状）。

（13）然后单击【Specify shape】（指定形状）。在 Data Frame Clipping 窗口中，勾选【Outline of Features】，单击图层 Layer 的下拉按钮，选择【ca_outline】。

（14）单击【OK】，然后单击【确定】，预测的表面被裁剪，从而不会显示州界以外的数据，而是显示整个州内的区域。

（15）确保 O3_Sep06_3pm 图层在内容列表的顶部。如果不是，那么将 O3_Sep06_3pm 图层拖动至内容列表的顶部。

（16）右键单击内容列表中的 Default Kriging 图层，然后单击【Validation\Prediction】（验证\预测）。

（17）这将打开“GA Layer To Points”地理处理工具，同时将 Default Kriging 图层指定为输入地统计图层。对于观测点位置，导航至本章 data01 的地理数据库，然后单击 ca_cities 数据集。保持要验证的字段为空，因为我们只想对主要城市的臭氧浓度进行预测，并不想使用测量值来验证预测值。对于输出点位置的统计数据，导航至 results 文件夹并将输出文件命名为“CA_cities_ozone.shp”。保持 Append all fields from input features(optional)字段为选中状态，因为我们希望能在输出要素类中看到城市的名称。

（18）单击【OK】以运行工具。该工具运行以后，CA_cities_ozone.shp 观测点图层即被添加到地图中。

（19）右键单击 CA_cities_ozone 图层，然后单击【Open Attribute Table】（打开属性表），从 Predicted 字段中可见到 CA_cities_ozone 图层中主要城市的臭氧预测值。

注释栏：

现在每个城市除具有标准误差值（用于指示各城市臭氧预测的不确定性级别）以外，还具有一个臭氧预测值。

（20）关闭表窗口。右键单击 CA_cities_ozone 图层，然后单击【Remove】（移除），从该项目中移除该图层。

（21）单击 ，保存 ArcMap 文档。

第二节　浏览数据

温馨提示：本小节实验详细操作教学视频请扫描右侧二维码获取，视频名称为"第十一章第二节　浏览数据"。

一、使用"直方图"工具检查数据的分布

（1）如果已关闭前一次 ArcMap 会话，则再一次启动该程序并打开 Ozone Prediction Map.mxd。

（2）确保在内容列表中 ca_outline 图层位于 O3_Sep06_3pm 图层下。

（3）单击 O3_Sep06_3pm 图层以选择此图层。

（4）在 Geostatistical Analyst 工具条上，单击【Geostatistical Analyst】->【Explore Data】->【Histogram】。

（5）在直方图窗口中，单击 Attribute（属性）箭头，然后选择臭氧【OZONE】。

（6）为了便于阅读，X 轴上的值已经按系数 10 重新进行了调整。您可能要重新调整直方图窗口的大小并移动其位置，以便可同时看到地图。

（7）在直方图中，臭氧值的分布以分成 10 个级别的臭氧值范围加以描述。每个级别中数据的频数以各条块的高度表示。通常，分布的重要特征包括中心值、偏离程度和对称度。作为一种快速检查手段，如果平均值和中值近似相同，则初步表明数据可能呈正态分布。

（8）该臭氧数据直方图表示数据为单峰（一个高峰）并且向左偏移。分布图的右侧尾部表示存在的采样点相对较少但臭氧浓度值较高，似乎该数据不接近于正态分布。

（9）通过单击直方图条块并在其上方拖动光标来选择那两个臭氧值大于 0.10 ppm[①]的直方图条块（别忘了这些值已经按系数 10 做过重新调整）。同时地图上会对应选择处于此范

① ppm=10^{-6}。

围内的采样点。您可能会注意到，这些采样点中的大多数位于加利福尼亚州的中央峡谷中。

（10）单击标准工具条上的清除所选要素按钮☒（Clear Selected Features），以清除地图和直方图上的所选点。

（11）单击直方图窗口右上角的关闭按钮“☒”。

二、创建正态 QQ 图

（1）在 Geostatistical Analyst 工具条上，单击【Geostatistical Analyst】->【Explore Data】->【Normal QQPlot】。

（2）单击 Attribute（属性）箭头，然后选择【OZONE】（臭氧）。

（3）常规的 QQ 图是两个分布的分位数对照绘制出的一种图。对于两个相同的分布，QQ 图将是一条直线。因此，可以通过对照绘制数据的分位数与标准正态分布的分位数来检查臭氧数据的正态分布。从上述的正态 QQ 图中，您可以看到该图并不是非常接近于一条直线。此线的主要偏离发生在低臭氧浓度值处（在上图中选中并以绿色显示，已通过在这些臭氧浓度值的上方单击并拖动光标来选择它们）。

（4）如果这些数据在直方图或正态 QQ 图中未呈现正态分布，可能必须对这些数据进行转换使其符合正态分布，然后再应用某些克里金法插值技术。

（5）单击位于正态 QQ 图窗口右上角的关闭按钮“☒”。

三、识别数据中的全局趋势

注释栏：

如果在数据中存在趋势，则该趋势就是可以通过数学公式表示的表面的非随机（确定性）组成部分。例如，可以通过平面表示一个平缓的山坡。山谷可以使用更复杂的公式（二阶多项式）通过创建 U 形的图形来表示出来。通过此公式可以生成所需表面的制图表达。但是，多数情况下公式生成的表面过于平滑，而无法准确地描述实际情况，因为没有山坡是理想的平面，也没有任何山谷是理想的 U 形。通过以下步骤可以将局部变化添加到表面，即使用其中某个平滑函数为趋势建模、从数据中移除趋势并通过为残差（移除趋势后的剩余部分）建模也可以继续进行分析。为残差建模时，您将分析表面中的短程（局部）变化。通过“趋势分析”工具可以识别输入数据集中存在的或不存在的趋势，并且可以识别出最佳拟合此趋势的多项式阶数。

（1）在 Geostatistical Analyst 工具条上，单击【Geostatistical Analyst】->【Explore Data】->【Trend Analysis】。

（2）单击 Attribute（属性）箭头，然后选择【OZONE】（臭氧）。

注释栏：

> 趋势分析图中的每个垂直杆对应表示一个臭氧测量的位置和值（高度）。这些数据点都投影到垂直平面上，即东西向平面和南北向平面。穿过这些投影点绘制出一条最佳拟合线（多项式），显示特定方向上的趋势。如果此线是平的，则表示不存在趋势。但是，如果观察图中浅绿色的线，可以看到该线从低值开始，其值随着该线向 *X* 轴的中心移动而增加，随后下降。与此类似，蓝线的值随着此线向北移动而增加，并且从该轴的中心开始下降。这就说明数据似乎从数据值域的中心向所有方向都呈现了很强的趋势。

（3）单击旋转位置滚动条并且向左滚动直到旋转角度为 90 度，即显示“Location：90°”。

注释栏：

> 可以看到在旋转这些点时，趋势始终呈现为倒置的 U 形。此外，对于任何特定的旋转角度，该趋势似乎并未表现出更强的趋势（更明显的 U 形），再次印证了之前的观察结果，即从数据值域的中心向所有方向都呈现了很强的趋势。由于此趋势为 U 形，所以将二阶多项式用作全局趋势模型是不错的选择。产生此趋势的可能原因是：海岸地区的人口较少，而较远的内陆地区人口众多，通往山区时人口又逐渐减少。

（4）单击位于“趋势分析”窗口右上角的关闭按钮。

四、浏览空间自相关和方向影响

（1）在 Geostatistical Analyst 工具条上，单击【Geostatistical Analyst】->【Explore Data】->【Semivariogram\Covariance Cloud】（半变异函数\协方差云）。

（2）单击属性箭头，然后选择【OZONE】。

注释栏：

1. 通过半变异函数\协方差云可以检查测量样本点之间的空间自相关。通常假定相互之间越接近的事物就越相似。通过半变异函数\协方差云可以检查此关系。为此，在 Y 轴上相对于分隔每对测量值的距离绘制半变异函数值（每个位置对的值的差值平方）。

2. 半变异函数\协方差云中的每个红色圆点表示一个位置对。因为相互之间越接近的位置就应该越相似，所以在半变异函数图中，相互之间最接近的位置（在 X 轴的最左侧）应该具有较小的半变异函数值（Y 轴上的低值）。随着位置对之间的距离增加（在 X 轴上向右移动），半变异函数值也应该增加（在 Y 轴上向上移动）。但当到达某个距离时云会变平，这表示相互间的距离大于此距离的点对的值不再相关。

3. 观察半变异函数图，如果出现某些非常接近的数据位置（在 X 轴上接近零）却具有高于预期的半变异函数值（在 Y 轴上的高值），则应该调查这些位置对，了解是否存在不准确的数据。

（3）在基础工具条上单击通过矩形选择要素按钮，然后在半变异函数\协方差云窗口中某些具有较大的半变异函数（Y 轴）值的点的上方单击并拖动光标以选择一些点（选择的点不需要固定完全相同，可根据自主选择）。

（4）选中【Show search direction】（显示搜索方向）。

（5）单击并将方向光标移动到任一角度。光标所指向的方向决定了将在半变异函数图上绘制的数据位置对的位置。例如，如果光标指向东西方向，将仅在半变异函数上绘制其相互之间处于东或西方向上的数据位置对。这样可以排除您不感兴趣的位置对并且可以浏览施加于数据上的方向影响。

（6）单击并沿着具有最高半变异函数值的位置对拖动【通过矩形选择要素工具】，以便在半变异函数图和地图中选择这些位置对。

（7）请注意，大多数连接的位置（用于表示地图上的点对）对应于加利福尼亚州中部区域的采样点之一，这是因为此区域的臭氧值高于加利福尼亚州的任何其他地区。

（8）单击位于该窗口右上角的关闭按钮。

（9）单击基础工具条上的清除所选要素按钮，以清除地图上的所选点。

第三节　绘制臭氧浓度图

温馨提示：本小节实验详细操作教学视频请扫描右侧二维码获取，视频名称为“第十一章第三节　绘制臭氧浓度图”。

注释栏：

1. 改进本章前面练习中创建的臭氧浓度图并了解一些基本的地统计概念。

2. 您将再次使用普通克里金插值方法，但这次将在模型中纳入趋势和各向异性以做出更好的预测。因为普通克里金法需要的假设最少，所以普通克里金模型是最简单的地统计模型。

（1）如果已关闭前一次 ArcMap 10.8 会话，则再一次启动该程序并打开 Ozone Prediction Map.mxd。

（2）确保未选择任何表示臭氧测量值的点。如果选择了一些这样的点，那么请在基础工具条上单击清除所选要素按钮，以清除选择。

（3）在 Geostatistical Analyst 工具条上，单击【Geostatistical Analyst】->【Geostatistical Wizard】。

（4）打开地统计向导窗口。在 Geostatistical methods 列表框中，单击【Kriging\CoKriging】（克里金法\协同克里金法）。单击 Source Dataset 下拉箭头，然后单击【O3_Sep06_3pm】。单击 Data Field 下拉箭头，选择【OZONE】属性。

（5）单击【Next】（下一步），然后再在 Kriging Type 中单击【Ordinary】（普通克里金法）。

（6）单击 Order of trend removal（趋势的移除阶数）下拉箭头，然后单击【Second】（二阶）。

注释栏：

1. 在上个练习——数据探索过程中，发现了全局趋势。利用“趋势分析”工具进行细化后，确定二阶多项式似乎比较合理，将对二阶多项式进行拟合，这是因为在上个练习中的“趋势分析”窗口内检测到 U 形曲线。这种趋势可由数学公式表示，并且可以从数据中移除。

2. 把趋势移除后，将对表面的残差或短程变化分量进行统计分析。在最后一个表面创建之前，趋势将自动添加回去，以便预测生成有意义的结果。

（7）单击【Next】（下一步）。

注释栏：

在默认情况下，Geostatistical Analyst 将绘制数据集的全局趋势图。图中表明西南-东北方向的变化最快，西北-东南方向的变化较为平缓（所以是椭圆形）。

（8）单击【Next】（下一步）。

注释栏：

仅在合理的情况下移除趋势。西南-东北方向的空气质量趋势可归因于山地与海岸之间臭氧的增加。高程和盛行风方向也是山地和海岸处出现相对低值的因素。人口密度过大也会导致山地与海岸之间的污染等级较高。因此，在合理的情况下，可移除这些趋势。

（9）将 Show search direction（显示搜索方向）选项从“False”更改为“True”，再将 lag size 改为“15000”，减小步长大小意味着增加单位空间内数据点密度，即对局部空间数据变化敏感度更高，方便对详细信息进行建模。注意半变异函数值的数量的减少，图中仅显示搜索方向上的那些点。

（10）单击并使鼠标指针停留在“搜索方向”工具的蓝色中心线上。拖动中心线更改搜索方向。更改搜索方向时，请注意半变异函数图的改变。只有搜索方向上的半变异函数表面值会绘制在上面的半变异函数图上。要想确切考虑表面计算结果的半变异函数模型受到的方向影响，必须计算各向异性的半变异函数或协方差模型。

（11）将 Anisotropy（各向异性）选项从 False 更改为 True。

（12）半变异函数表面上的蓝色椭圆表示半变异函数在不同方向上的变程。在这种情况下，长轴近似位于 NNW–SSE 方向。现在，各向异性将被纳入模型中以针对输出表面中自相关的方向影响进行调整。

（13）在视图设置下将搜索方向的 Angle（角度）从 0 更改为 61.35，以便方向指针与各向异性椭圆的短轴重合。

（14）注意：半变异函数曲线的形状更加快速地增大到其基台值。由于 *X* 坐标和 *Y* 坐标以米为单位，所以该方向上的变程接近 110 千米。

（15）在视图设置下将搜索方向的 Angle（角度）从 61.35 更改为 151.35，以便方向指针与各向异性椭圆的长轴重合。

注释栏：

> 1. 半变异函数模型更加平缓地增大，然后达到稳定状态。该方向的变程大约为 180 千米。半变异函数模型在步骤（5）和步骤（6）中达到的稳定值是相同的，称为基台。变程是半变异函数模型达到其极限值（基台）的距离。在变程以外，随着步长距离的增加，点与点之间的相异性趋于恒定。彼此之间的距离大于变程的点在空间上不具有相关性。
>
> 2. 块金表示测量误差和/或微刻度变化（空间刻度小至无法检测的变化）。如果每个位置都设有多个观测点，则可以估计测量误差；或者可以利用“测量误差”控件将块金分解为测量误差和微刻度变化。

（16）单击【Next】（下一步）。

（17）在左边“表面预览”窗口单击以选择预测位置（十字光标所在处）。注意在要用于计算预测位置的值的数据位置（连同其关联的权重）的选择中发生的变化。

（18）请在 Predicted Value（预测值）下，对“X”输入 66000，对“Y”输入 –220000。将 Copy from Variogram（从变异函数中复制）更改为“False”，然后在 Angle（角度）文本框中输入 90。注意搜索椭圆的形状是如何变化的。

注释栏：

> 1. 搜索邻域一般的做法是限制使用的数据，具体为定义一个圆（或椭圆）将用于预测未测量位置的值的点包围起来。此外，为避免特定方向出现偏差，可以将圆（或椭圆）分成若干个扇形，在每个扇形中都选择了相同数量的点。利用“搜索邻域”窗口，可以指定点的数量（最多 200 个）、半径（或长轴\短轴）以及要用于预测的圆（或椭圆）的扇形的数量。
>
> 2. “数据视图”窗口中选择的点表示权重，这些权重要与每个测量值相关联，以便对标有十字光标的位置的值做出预测。在本示例中，有五个测量值（以红色显示）的权重超过 10%。权重越大，该值对标有十字光标的位置的预测的影响就越大。

（19）单击【Next】（下一步），将显示“交叉验证”窗口。

注释栏：

> 1．实际创建表面之前，将使用“交叉验证”窗口对参数执行诊断，以确定模型的优劣程度。
>
> 2．交叉验证的目的在于帮助您正确地确定哪个模型的预测最准确。交叉验证将忽略数据集中的一个点，利用数据的其余部分预测该点的位置值，然后将测量值与预测值进行比较（测量值与预测值的差值称为预测误差）。根据预测误差计算得到的统计数据可用于诊断，以表明模型是否适于制定决策和生产地图。
>
> 3．要判断模型的预测是否准确，请验证：
>
> - 预测具有无偏性，判定条件是平均预测误差接近 0。
> - 标准误差是准确的，判定条件是均方根标准化预测误差接近 1。
> - 预测与测量值的偏差不大，判定条件是均方根误差和平均标准误差尽可能小。
>
> 通过“交叉验证”窗口，您还可以查看显示每个数据点的误差、标准化误差和 QQ 图的散点图。

（20）单击【Normal QQ】（正态 QQ 图）以显示 QQ 图。在“正态 QQ 图”选项卡中，您将看到一些值位于线的略微偏上位置，一些值位于线的略微偏下位置，但大部分点都离直交线非常近，这表明预测误差近似服从正态分布。

（21）要选择特定点的位置，请单击与表中的感兴趣点相关的行。所选择的点在 QQ 图中显示为绿色。

（22）单击【Finish】（完成）。出现“方法报告”窗口，可提供要用于创建表面的模型的汇总信息。

（23）单击【OK】（确定）。预测的臭氧图将在 ArcMap 中显示为图层。默认情况下，该图层使用用于生成表面的插值方法的名称（如 Kriging）。

（24）单击图层的名称，然后将名称更改为“Trend Removed”。

（25）要扩展预测表面使其涵盖整个加利福尼亚，请右键单击 Trend Removed 图层，然后单击【Properties】，再单击【Extent】选项卡。在 Set the extent to（将范围设置为）下拉列表中，指定 ca_outline 的矩形范围为【the rectangular extent of ca_outline】。

（26）然后单击【确定】。

（27）将 O3_Sep06_3pm 图层拖到内容列表的顶部，这样便可以看到插值表面上面的点。如果不显示，请右键单击 Trend Removed 图层，然后单击【properties】，再单击【Display】

选项卡，将 Transparency（透明度）设置为 30%，单击【确定】。

（28）右键单击所创建的 Trend Removed 图层，然后单击【Change Output To Prediction Standard Error】（将输出更改为预测标准误差）。

（29）右键单击所创建的 Trend Removed 图层，然后单击【Change Output to Prediction】（将输出更改为预测标准）。

（30）在标准工具条上，单击（保存），完成练习。

第十二章　遥感数据解译

一、教学目的

（1）掌握遥感数据的下载。

（2）掌握遥感数据的分类。

（3）掌握图像分类后处理。

二、教学准备

☞　软件准备：确保您的计算机中已经正确安装了 ArcGIS Desktop 10.8 和 ENVI 5.3 软件。

☞　实验数据：在路径 D:\chp12 下。

本章所涉及的实验数据介绍如下：

路径	数据名称	数据格式	说明
chp12\data01	LC81190422015094LGN00	TXT	遥感数据
	LC81190432015286LGN00		
	LC81200422015133LGN00		
	LC81200432016040LGN00		
	泉州政区图	Shapefile	泉州政区边界线数据

☞　预备知识：

传统的监督分类，即基于样本进行图像分类，利用训练样本数据去识别其他位置对象，包括定义样本、分类方法选择和输出结果三个步骤。与传统的基于像元的监督分类不同，传统的监督分类中训练样本由许多像元组成，只能利用样本的光谱信息进行监督分类；而面向对象的监督分类的样本由对象组成，除了利用光谱信息外，还可以利用空间信息和纹理信息进行监督分类。因此，面向对象的监督分类能更加精确地提取地物。

第一节 遥感数据的下载

温馨提示：本小节无实验详细操作教学视频。

遥感数据下载途径有很多，常用的地理空间数据云：http://www.gscloud.cn/，以及 USGS 影像下载：http://glovis.usgs.gov/。本实验以福建省泉州市 2015—2016 年 2 月的遥感影像解译为例，在地理空间数据云上进行影像下载：

（1）打开地理空间数据云网站：http://www.gscloud.cn/。

（2）点击登录，新用户可用邮箱注册账号，也可直接用 QQ 账号登录。

（3）登录后点击菜单栏中的【高级检索】->【数据集】->【LANDSAT 系列数据】→【Landsat8 OLI_TIRS 卫星数字产品】->【确定】。

（4）点击菜单栏【行政区】->【福建省】->【泉州市】->【搜索】。

（5）点击【二次筛选】->【条带号】（选择 119 至 120）->【行编号】（选择 42～43）->【日期】（选择 2015-01-01 至 2016-02-29）->【云量低于】（选择 50%）->【数据】（选择【有】）。

注释栏：

> 泉州市的遥感影像，需要四景影像才能完全覆盖，我们需要将这四景都下载下来。研究区影像所覆盖的行列号为 P119R42、P119R43、P120R42、P120R43。选择云量少、清晰度高的影像进行下载，方便之后的解译。

（6）点击【下载】，选中“需要下载”中云量较低的影像进行下载。

（7）下载数据解压后进行之后的解译工作。

第二节 遥感数据解译

温馨提示：本小节实验详细操作教学视频请扫描右侧二维码获取，视频名称为“第十二章第二节 遥感数据解译”。

一、图像融合

（1）点击，打开 ENVI。以“LC81190432015286LGN00”数据为例进行说明。点击菜单栏上的【File】->【Open】，选择“LC81190432015286LGN00_MTL.txt”文件，点击【OK】打开。点击工具栏上的（Data manager），对打开的数据信息进行查看，数据包括：多光谱数据（1～7 波段）、全色波段数据（8 波段）、卷云波段数据（9 波段），红外数据（10、11 波段）和质量波段数据（12 波段）。

（2）点击【Toolbox】->【Image Sharpening】->【Gram-Schmidt Pan Sharpening】，打开融合工具。点击多光谱数据（LC81190432015286LGN00_MTL_MultiSpectral）->【OK】->点击全色波段数据（LC81190432015286LGN00_MTL_Panchromatic）->【OK】，【Sensor】选择【Landsat8_oil】，Resampling 选择【Cubic Convolution】，Output Format 选择【ENVI】，Output Filename 设置为“D:\chp12\data01\results\LC8119043_融合.dat”，点击【OK】，完成数据融合。

注释栏：

图像融合是将低空间分辨率的多光谱图像或高光谱数据与高空间分辨率的单波段图像重采样生成一幅高空间分辨率多光谱图像的遥感图像处理技术，可以使处理后的图像既有较高的空间分辨率，又具有多光谱特征。

（3）将融合结果与未经融合的原始图像对比可以看出，经过和 15m 的全色数据进行融合之后，图像的空间纹理信息变明显了。接下来，依次完成研究区其他遥感影像数据的融合。

注释栏：

> 对泉州影像进行分析，P119R43 影像占了右下角的大部分区域，其余三幅影像所占区域较少。如果以整个遥感影像进行图像的镶嵌，会大大减慢图像处理的速度。因此本实验先以泉州市行政区划边界对每一幅遥感影像进行裁剪，再对裁剪的图像进行镶嵌。

（4）图像裁剪。点击菜单栏上的【File】->【Open】，选择“泉州政区图.shp”文件，点击【OK】打开。下面以“LC81190432015286LGN00”数据的裁剪为例进行说明。打开研究区行政边界数据，选择【Toolbox】->【Regions of Interest】->【Subset Data from ROIs】，打开裁剪工具，选择待裁剪的数据“LC8119043_融合.dat”->点击【OK】->选择行政区划矢量文件，在 Spatial Subset via ROIs 窗口中点击【EVF：泉州政区图.shp】，使 Number of items selected 变为“1”，“Mask pixels output of ROI?”后的按钮选择【Yes】，Mask Background Value 为“0”，Output Result to 选择【File】，Enter Output Filename 中选择设置相应参数以及输出路径，点击【OK】，完成裁剪，依次对研究区融合后的影像进行裁剪。

二、图像镶嵌

（1）打开待镶嵌 TM 影像，即研究区裁剪后的 4 幅遥感影像“LC8119042_融合_裁剪.dat”“LC8119043_融合_裁剪.dat”“LC8120042_融合_裁剪.dat”“LC8120043_融合_裁剪.dat”。

（2）打开 ENVI 5.3 中的 Seamless Mosaic（影像无缝拼接工具）。点击【Toolbox】->【Mosaicking】->【Seamless Mosaic】。

（3）点击 Seamless Mosaic 面板上的【添加待镶嵌的数据】，在（Data Ignore Value）列表中可设置透明值（当重叠区域有背景值的时候可设置）为“0”，勾选右上角的【Show Preview】可对镶嵌效果进行预览。

（4）匀色处理。在 Color Correction 选项中，勾选【Histogram Matching】（直方图匹配），选择【Overlap Area Only】（重叠区直方图匹配）或者【Entire Scene】（整景影像直方图匹配）对拼接影像进行匀色处理。在 main 选项中，对【Color Matching Action】单击右键，设置参考（Reference）和校正（Adjust），根据预览效果确定参考图像。

（5）接边线羽化。自动绘制接边线：选择 Seamlines 下拉列表中的【Auto Generate Seamlines】自动裁剪掉 TM 边缘“锯齿”。

注释栏：

主菜单主要功能介绍：
边线包括自动和手动绘制两种方法，也可以结合起来使用。编辑接边线：自动生成的接边线比较规整，可以明显看到由于颜色不同而显露的接边线。选择 Seamlines 下拉菜单中的【Start Editing Seamlines】，可以编辑接边线。通过绘制多边形重新设置接边线。

（6）在 Export 面板中，设置 Resampling method（重采样方法）为【Cubic Convolution】，Output Background Value（设置背景值）为“0”，选择镶嵌结果的输出路径为【D:\chp12\data01\results\LC8_QZ_镶嵌 1.dat】；单击【Finish】执行镶嵌。

三、基于样本的面向对象分类

（1）启动 ENVI 5.3，打开待分类数据：LC8-QZ-镶嵌 1.dat。设置 R：Band7、G：Band6、B：Band4 的波段组合，2%的线性拉伸显示数据。

（2）启动流程化工具。点击【Toolbox】->【Feature Extraction】->【Example Based Feature Extraction Workflow】。Input Raster 选择【LC8-QZ-镶嵌 1.dat】，Custom Bands 勾选【Normalized Difference】和【Color Space】，用来计算 NDVI 和变换颜色，点击【Next】，进入对象创建面板。

（3）创建对象。为了得到更好的目视效果，可以在 Layer Manager（图层管理器）中，在对应图层点击右键，进行“Change RGB Bands”，选择合适的波段组合来显示图像，本实验采用波段 7、6、4 对应 R、G、B。

（4）在 Feature Extraction 面板中选择 Segment Settings（分割尺度）为 40，Merge Settings（合并尺度）为 90。可点击【Preview】进行预览，调整分割和合并尺度，满意后点击【Next】。

（5）选择样本。点击  添加新类别，在 Class Properties 中设置类别属性（Class Name、Class Color），在创建的对象中选择样本。点击【Preview】可对分类结果进行预览。

（6）输出结果。在输出结果面板中选择矢量和栅格文件的输出路径。

（7）更改分类颜色：点击【Toolbox】->【Raster Management】->【Edit ENVI Header】打开工具，在输入对话框中选择分类结果数据，点击【OK】。在 Set Raster Metadata 面板中，在 Class Names 和 Class Colors 中点击相应类别，并进行重命名和颜色的设置。

注释栏：

> 分类后处理。初步分类得到的结果，一般难以达到最终的应用目的。所以获取的分类结果需要再进行一些处理，才能得到最终理想的分类结果，即需要进行分类后处理。常用的分类后处理包括更改分类颜色、小斑点处理、栅格转矢量等操作

（8）Majority/Minority 分析：点击【Toolbox】->【Classification】->【Post Classification】->【Majority/Minority Analysis】打开工具，在输入对话框中选择分类结果数据，点击【OK】，打开 Majority/Minority Analysis 对话框，填写相应的参数，选择文件输出路径，单击【OK】，执行 Majority/Minority 分析。可以看出，经过处理对细碎图斑进行了合并，获得了更好的分类结果。

（9）分类结果转矢量：点击【Toolbox】->【Classification】->【Post Classification】->【Classification to Vector】打开工具，在 Raster to Vector Input Band 对话框中选择分类结果，单击【OK】，打开 Raster to Vector Parameters 对话框，设置文件输出参数，选择保存路径，单击【OK】，执行转换过程。

（10）产生矢量结果为“.evf 文件”，每一类别会产生一个图层。

（11）将 EVF 文件转 Shapefile 文件格式后用 ArcMap 打开。EVF 文件转 Shapefile 文件格式：点击【Toolbox】->【Vector】->【Classic EVF to Shapefile】打开工具，在 Output EVF Layer to Shapefile 对话框中选择 EVF 文件，设置文件输出参数，选择保存路径，单击【OK】，执行转换过程。

（12）在 ArcMap 打开前一步输出的 Shapefile 文件，显示结果。

（13）在 ArcMap 中对图层进行相应显示的设置，得到土地利用数据。

第十三章　专题地图编制

温馨提示：本章实验详细操作教学视频请扫描右侧二维码获取，视频名称为“第十三章专题地图编制”。

一、教学目的

（1）了解 ArcGIS 10.8 专题地图的基本理论。

（2）掌握在 ArcGIS 10.8 里面制作专题地图的方法。

二、教学准备

☞　软件准备：确保您的计算机中已经正确安装了 ArcGIS Desktop 10.8 软件。

☞　实验数据：在路径 D:\chp13 下。

本章所涉及的实验数据介绍如下：

路径	数据名称	数据格式	说明
chp13\data01	land_cover	Shapefile	土地覆被图
	railway	Shapefile	铁路线
	highway	Shapefile	高速公路
	泉州土地覆被图	PDF	输出的专题地图

☞　预备知识：

制图综合是对制图区域中客观事物的取舍和简化，主要表现在内容的取舍、数量简化、质量简化和形状简化等方面。影响因素：地图的比例尺、用途和主题、制图区域的地理特征以及符号图形大小等。

地图是按严格的数学基础、符号系统、文字注记等描绘地球表面的自然地理、行政区域、社会经济状况的图，可以反映出自然和社会经济现象的分布特征及其相互关系及发展过程，在人类发展进程中一直发挥重要作用。ArcMap 将地理信息表示为地图中的图层和其他元素的集合，可用于所有 2D 制图工作和可视化操作。常见的地图元素含有给定范围的地图图层的数据框，以及比例尺、指北针、标题、描述性文本（说明）和符号图例等。

在大多数地理信息系统中，地物对象不仅具有空间位置特征，而且具有非空间的属性数据。在表现这些地物对象时，除了显示空间位置以外，同时还可以以特定的方式显示某个或多个相关的属性，生成专题地图，将数据图形化，使数据以更直观的形式在地图上体现出来。制作专题地图是根据某个特定专题对地图进行“渲染”的过程。利用 GIS，可根据数据库表中特定的值来赋予地图对象颜色、图案或符号，从而创建不同的专题地图。

制作专题地图，首先要根据工作需要和制图区域的地理特点，进行地图图面的整体设计，包括图幅大小尺寸、图面布置方式、地图比例尺、图名、图例、说明等。其次准备专题图输出的数据层，启动地图工作空间编辑器，正式开始制作专题图，确定地图的内图框，同时确定输出地图所包含的实际区域范围，生成基本的制图输出图面内容，在主要图面内容周围放置经纬网格网线、坐标注记，以及图名、图例、比例尺、指北针等，最后输出制作的专题图。

三、工作空间的设置

（1）打开 ArcCatalog 10.8，点击菜单栏中的【Geoprocessing】->【Environments】，出现 Environment Settings 窗口。

（2）在窗口中点击【Workspace】后，使 Current Workspace 与 Scratch Workspace 均定位在您的数据所在地方，然后点击【OK】。

（3）在 ArcCatalog 菜单栏中点击 ArcMap 工具图标，打开 ArcMap 软件，与刚才一样，在 ArcMap 软件中，点击菜单栏中的【Geoprocessing】->【Environments】，出现 Environment Settings 窗口，再在窗口中点击【Workspace】后，使 Current Workspace 与 Scratch Workspace 均定位在您的数据所在地方，然后点击【OK】。这样做的目的是使这一章做的数据在保存时，会自然定位在您现在的工作空间中。

（4）将 land_cover、railway、highway 3 个 Shapefile 文件加载到 ArcMap 软件中来，在 Table of Contents 中，对 3 个文件以点、线、面从上到下的顺序排列。

（5）点击 ArcMap 菜单栏 View 下的【data frame properties】，在弹出的窗口中的 General 栏下，将 Map 与 Display 的单位均设置为“meters”，然后点击【确定】。

（6）点击 ArcMap 菜单栏 File 下的【Page and Print Setup】，在弹出的窗口中，根据自己对所需要打印图的大小要求进行设置，此例可保持 A4 纸大小、纵向的默认值不变，点击【OK】。

（7）右键点击 ArcMap 中的【Railway】，再点击【Properties】，打开 Layer Properties 窗口，点击【Symbol】选项卡，打开 Symbol Selector 窗口，可以选择 Railway 符号，也可以自行设置颜色、大小等，点击【OK】，最后点击【确定】或者【应用】。同样地，也对 highway 进行类似的处理。

（8）右键点击 ArcMap 中的【land_cover】后，点击【Properties】，打开 layer properties 窗口，在窗口的 Symbology 中选择【Categories】，再选择【Unique value】，然后在 Value Field 下选【LUCC】字段，接着，点击【Add All Values】。这时出现的 1、2、3、4、5、6 分别表示耕地、林地、园地、水域、建设用地、未利用地。

（9）双击【1】，因其表示耕地，在颜色选择中使其为黄色，类似地，将 2 设为深绿色，将 3 设为浅绿色，将 4 设为蓝色，将 5 设为红色，将 6 设为浅灰色，所有的 outline width 均设为 0，然后点击【确定】。

（10）点击 ArcMap 菜单栏 View 下的【Layout View】，即从数据视图转换为布局视图。

（11）调整地图比例尺，再点击 ArcMap 菜单栏中的【Insert】，在出现的窗口中点击【Title】，然后在跳出的框中输入“泉州土地覆被现状图”，点击【确定】后，如果觉得不满意，可再选择它，然后双击，调整它的字体与大小。

（12）点击 ArcMap 菜单栏【Insert】->【Legend】，然后从跳出的窗口中点击【下一步】，再一次点击【下一步】，一直到最后，点击【完成】为止。

（13）将出现的图例拖到 Layout 布局的左下方。

（14）右击图例，单击【Convert to Graphics】，再右击图例，单击【Ungroup】，则会出现单个的元素。

（15）将其他都删去，只留下 railway、highway 和 1、2、3、4、5、6 及它们的相应图例。

（16）进一步将其完全打散，通过选中全部图例图形元素，右键点击【Ungroup】，然后双击【railway】将其改为“铁路”，同样地依次将 highway 改为“高速公路”，将 1 改为“耕地”，2 改为“林地”，3 改为“园地”，4 改为“水域”，5 改为“建设用地”，6 改为“未利用地”。再将它全部选中，然后重新又组成一起，右击点击【Group】。

（17）点击 ArcMap 菜单栏中的【Insert】，在出现的窗口中点击【North Arrow】，然后选择一个您自己喜欢的指北针。

（18）再点击 ArcMap 菜单栏中的【Insert】，在出现的窗口中点击【Scale Bar】，然后从跳出的窗口中点击【Alternating Scale Bar 2】。

（19）再点击【Properties】，在出现的 Scale Bar 窗口中，在 Scale and Units 栏下，在 When resizing 下拉列表选择【Adjust width】。Number of divisions 设为 2，Number of subdivisions 设为 0，之后，先将 Division Units 调为【Kilometers】，然后再将 Division Value 设为 30 km，并将 label 的单位设为【km】，为了使在比例尺中数字之间保持一定间隔的空隙，暂时将 Gap 值设为 10pt，以后还可以根据情况再作调整。

温馨提示：经常有将比例尺中的数字设为带有小数的数字或默认的小数，将单位设为默认的英里（miles）的情况，既不科学，也不美观，比例尺最好设为 10、20、30、50 或 100 这样的整数较好。

（20）再在 Format 栏下，将 Font 设为：Times New Roman 字体，Size 设为 18，并加粗，然后【确定】，再点击【OK】。

（21）经常会有这样的情况发生，如之前设好的字号大小发生变化，之前设好的字号值也发生变化，那么需要再反复调整。方法是双击变化了的对象，在出现的窗口中再次将字体大小调为 18，如果感觉比例尺在图中显示较长，想缩短一点，则在窗口中的 Numbers and Marks 栏下，将 Frequency 改为 Divisions，看看效果如何。再次双击看看效果如何。总之，这一过程就是反复试、反复调整的过程，直到比例尺与图相协调和使自己满意为止。

（22）点击菜单栏中的 Insert 下的【Text】，Text 标签出现在图中，但很小，仔细找到它，选中它，双击它之后，会出现 Properties 窗口，在该窗口 Text 的下面，填写上“制作单位：衡阳师范学院”。也可以写其他，如投影方式、数据来源、制作人等说明性质的文字。再点击【Change Symbol】，出现窗口中设置字号 size 为 16 号，点击【OK】，再点击【确定】。

（23）在 View 下点击【Data Frame Properties】，在出现的窗口中 Grids 栏下，点击【New Grid】，出现 Grids and Graticules Wizard 窗口，点击【下一步】。在 Create a graticule 窗口中将 Appearance 设置为【Labels only】，将 Deg 都设为 0，将 Min 都设为 20，将 Sec 都设为 0。这些值的设置是根据制图面积大小以及对地图的要求而定的，每幅图都不可能是固定的。

（24）点击【下一步】后，在出现的 Axes and labels 窗口中，点击“Text”旁边的按钮，出现 Symbol Selector 窗口。将字体设为【Times New Roman】，将 size 设为 12 号大小，点击【OK】。再按【下一步】，点击【Finish】，然后点击【确定】。单击右键调整经纬网设置，使经纬网全部在地图可打印的区域。

（25）点击 ArcMap 菜单栏【Insert】->【Neatline】，在 Neatline 窗口中点击【Border】旁边的下拉列表，选择合适的边框，在 Placement 下选择【Place inside margins】，点击【OK】。

（26）最后导出地图。点击菜单栏中的【File】下的【Export Map】，在出现的 Export Map 窗口中，输入您打算将它保存的地方、保存文件的格式以及保存的文件名。在此例中可将它存为 pdf 格式，保存在 D:\chp13\results 中，名为：泉州土地覆被现状图。

第十四章　土地覆被分区分类统计

温馨提示：本章实验详细操作教学视频请扫描右侧二维码获取，视频名称为“第十四章土地覆被分区分类统计。

一、教学目的

现有宁南山区的土地覆被地图（land_cover）与其分县的行政区划图（boundry），land_cover 数据含有“landcover”字段表示土地覆被的类型，boundry 数据含有“县名”字段表示该区有多少个县及其名称。任务要求是：快速查清每个县的不同土地覆被类型的面积数量。

二、教学准备

- 软件准备：确保您的计算机中已经正确安装了 ArcGIS Desktop 10.8 软件。
- 实验数据：在路径 D:\chp14 下。

本章所涉及的实验数据介绍如下：

路径	数据名称	数据格式	说明
chp14\data01	land_cover，boundry	Shapefile	实验输入
	spajoin_statistics	dbf	实验结果

（1）将 land_cover、boundry 两个 Shapefile 文件一一拖进 ArcMap 软件地图窗口中，单击 boundry 图层打开 Symbol Selector 对话框，设置 Fill Color 为空，Outline Width：4.00，Out Color 为墨绿色，点击【OK】。右键单击 boundry 图层->【Properties】，打开 Layer Properties 对话框，选择 Label 选项，设置如下：勾选【Label features in this layer】，【Label Field】下

拉选择“县名”字段，Text Symbol 中字体为红色、宋体、14 号大小、加粗，点击【确定】。

（2）点击 ArcMap 菜单栏中调出 ArcToolbox，选择【Analysis Tools】->【Overlay】，双击【Spatial Join】。

（3）在 Spatial Join 框中，在“Target Join”中输入“land_cover”文件，在“Join Features”中输入“boundry”文件，在【Output Feature Class】中定位到 D:\chp14\data01\results 文件夹下的 spatio_join.shp 文件，其他默认，点击【OK】。

（4）命令执行完成后，新产生的“spatio_join.shp”会自动出现在 ArcMap 中，右键点击此文件后，点击【Open Attribute Table】，打开 Table 对话框，可见“land_cover”文件中的“landcover”字段与“boundry”文件中的“县名”字段都出现在同一张表中。

（5）关闭此表后，在 ArcToolbox 中点击【Analysis Tools】->【Statistics】，然后双击【Summary Statistics】，出现 Summary Statistics 对话框。在此框中的 Input Table 下输入刚才产生的“spatio_join.shp”，Output Table 下输入自己想命名的文件名，可为：“spatio_join_Statistics.dbf”（注意：一定要加“.dbf”后缀），文件存入位置仍是：D:\chp14\data01\results。“Statistics Field”应选择【AREA】，接着在“Statistics Type”下选择【SUM】。在“Case field(optional)”中分别选择【县名】和【landcover】，点击【OK】。

（6）完成后，“spatio_join_Statistics.dbf”会自动添加到 ArcMap 地图窗口中，右击此文件，选择【Open】后，出现 Table 框。

（7）点击 Table 框第一个工具“Table Options”下的【Export】，在出现的 Export Data 对话框中，打开 output table 下的工具【Browse】，存入数据。同时，其保存的类型可从【Save as type】中选择。保存的文件也可以用 Excel 软件打开它。

第十五章　地学信息图谱制作

——以土地利用变化增势图谱为例

一、教学目的

（1）掌握新建地理数据库的方法。

（2）掌握矢量转栅格工具的使用。

（3）掌握增势图谱制作方法。

二、教学准备

☞　软件准备：确保您的计算机中已经正确安装了 ArcGIS 10.8 软件和地统计分析扩展模块。

☞　实验数据：在路径 D:\chp15 下。

本章所涉及的实验数据如下：

路径	数据名称	数据格式	说明
chp15\ data01	lps1990	Shapefile	六盘山地区 1990 年土地利用矢量数据
	lps2000	Shapefile	六盘山地区 2000 年土地利用矢量数据

说明：在 lps1990.shp、lps2000.shp 中都有一个字段“LUCC4”，该字段中的“1”表示耕地，“2”表示林草地，“3”表示建设用地，“4”表示其他用地。

☞　预备知识：

（1）地学信息图谱的概念及作用。

（2）要素转栅格工具可以将任一要素类［面、折线（Polyline）或点］转换为栅格数据。要进一步控制要素的转换方式，您可使用以下工具。

1）将面要素转换为栅格数据

对面进行转换时，通常会将每个栅格像元中心找到的面要素的值指定给对应的栅格像元。

2）将折线要素转换为栅格数据

对折线进行转换时，通常会将与每个栅格像元相交的线要素的值指定给对应的栅格像元。对于未与线相交的栅格像元，则将为其指定 NoData 值。如果在一个栅格像元中发现多条线，则处理时会将遇到的第一条线的值指定给该栅格像元。转换时使用较小的栅格像元可以降低发生这种情况的可能性。

（3）将点要素转换为栅格数据

对点进行转换时，通常会将在每个栅格像元内找到的点的值指定给对应的栅格像元。对于不包含点的栅格像元，将会为其指定 NoData 值。如果在一个栅格像元中发现多个点，则处理时会将遇到的第一个点的值指定给该栅格像元。在转换时使用较小的栅格像元可以降低发生这种情况的可能性。

第一节　启动 ArcMap 并设置默认地理数据库

温馨提示：本小节实验详细操作教学视频请扫描右侧二维码获取，视频名称为“第十五章第一节　启动 ArcMap 并设置默认地理数据库”。

（1）单击【开始】->【所有程序】->【ArcGIS】->【ArcMap 10.8】，启动 ArcMap。

（2）在 ArcMap 的启动对话框中单击【取消】。如果您先前已选择不显示此对话框，则此对话框可能不会打开。

（3）在 ArcMap 标准工具栏上单击 ，打开 Arc Catalog。

（4）在 ArcCatalog 标准工具栏上单击 ，找到本章数据存放的文件夹 chp15，然后点击【确定】。

（5）本章数据所在的文件夹将出现在目录树下，单击 results 文件夹，右键单击，选择【New】，在右拉窗口选择【Personal Geodatabase.mdb】，New Personal Geodatabase.mdb 将出现在 results 文件夹下。

（6）点击【New Personal Geodatabase.mdb】，稍停，再点击一次，然后将 New Personal

Geodatabase 修改为 lps。右键单击 lps.mdb，然后选择【Make Default Geodatabase】。

（7）lps.mdb 将被设置为默认地理数据库，点击右上角的☒，关闭 ArcCatalog。

第二节　添加数据

温馨提示：本小节实验详细操作教学视频请扫描右侧二维码获取，视频名称为“第十五章第二节　添加数据”。

（1）在 ArcMap 的基础工具栏中单击 ，打开“添加数据”对话框。单击 ，找到 chp15 -> data01 -> lps1990 文件夹，单击选中 lps1990 要素类，单击【Add】。

（2）lps1990 要素类已经添加到 ArcMap。

（3）以同样的方式，把 chp15 -> data02 -> lps2000 文件夹下的 lps2000 要素类添加到 ArcMap。

第三节　矢量转栅格

温馨提示：本小节实验详细操作教学视频请扫描右侧二维码获取，视频名称为“第十五章第三节　矢量转栅格”。

（1）在标准工具栏上，单击 ，打开 Arc Toolbox 窗口。

（2）在 Arc Toolbox 窗口中，在“Conversion Tools”下，单击【To Raster】，然后双击【Feature to Raster】。

（3）Feature to Raster 对话框将打开。然后在【Input feature】的下拉箭头下选择【lps1990 polygon】，在 Field 下选择【lucc4】字段，在 Output raster 下，将结果命名为“lps1990_lucc4”，在 Output Cell Size（optional）下，填写“100”。

（4）单击【OK】，将进行要素转栅格操作，操作结束将会把新生成的数据直接添加到

ArcMap 内容列表中。

（5）在 Arc Toolbox 窗口中，在 Conversion Tools 下，单击【To Raster】，然后双击【Feature to Raster】。

（6）Feature to Raster 对话框将打开。然后在【Input Feature】下拉箭头下选择【lps2000 polygon】，在 Field 下选择【lucc4】字段，在 Output raster 下，将结果命名为“lps2000_lucc4”，在 Output Cell Size（optional）下，填写“100”。

（7）单击【OK】，将进行要素转栅格操作，操作结束将会把新生成的 2000 年的栅格数据也直接添加到 ArcMap 内容列表中。

（8）在内容列表中，双击【lps1990_lucc4】，打开 Layer Properties 对话框，单击【Symbology】选项卡，然后在 Show 下单击【Unique Values】，将出现 Build Raster Attribute Table 提示窗口。

（9）在 Build Raster Attribute Table 提示窗口上，单击【是】，将为该栅格数据创建属性表（注：如果在操作中没有出现第（8）（9）步的情形，则可直接跳到下一步继续进行）。

（10）双击 Symbol 下的【1】，可为其选择颜色，如双击【Solar Yellow】。

（11）按同样的方法，依次将 2、3 和 4 的颜色分别修改为【Leaf Green】、【Mars Red】和【Gray 40%】。

（12）单击【确定】。

（13）在内容列表中，双击【lps2000_lucc4】，打开 Layer Properties 对话框，单击【Symbology】选项卡，然后在 Show 下单击【Unique Values】将出现 Build Raster Attribute Table 提示窗口。

（14）在 Build Raster Attribute Table 提示窗口上，单击【是】，将为该栅格数据创建属性表（注：如果没有出现这一步的情形，则直接做下一步）。

（15）双击 Symbol 下的【1】，可为其选择颜色，如单击【Solar Yellow】。

（16）按同样的方法，依次将 2、3 和 4 的颜色分别修改为【Leaf Green】、【Mars Red】和【Gray 40%】。

（17）单击【确定】。

（18）在内容列表上，单击取消【lps1990 polygon】和【lps2000 polygon】前面方框的勾选，取消显示矢量图层，现在将能看到改变符号系统之后的栅格数据。

第四节　制作土地利用变化增势图谱

温馨提示：本小节实验详细操作教学视频请扫描右侧二维码获取，视频名称为“第十五章第四节　制作土地利用增势图谱”。

一、图谱单元图制作

（1）在 Arc Toolbox 窗口中，在 Spatial Analyst Tools 下，单击【Map Algebra】，然后双击【Raster Calculator】，将打开栅格计算器。

（2）在 Raster Calculator 对话框中间空白框中，输入"lps1990_lucc4" * 10 + "lps2000_lucc4"，在 Output Raster 下，将结果命名为“zstp”（“暂时图谱”四个字的拼音首字母），点击【OK】。

（3）此时新的图层将出现在数据列表中。

（4）在内容列表中右键单击【zstp】，然后选择【Open Attribute Table】，将打开属性表。

（5）zstp 的属性表打开。在 Table 下，单击下拉菜单，选择【Add Field】。

（6）将出现 Add Field 对话框，在 Name 后，输入“code”，Type 设为【Short Integer】，然后点击【OK】。

（7）此时 code 字段将添加到属性表中。

二、图谱单元归类编码

按照下表，分别将土地利用变化增势图谱单元映射表中的图谱单元和图谱单元归类编码与属性表中的 value 字段和 code 字段对应，为 code 字段赋值。操作如下：

表 15-1　土地利用变化增势图谱单元映射表

土地利用变化类型	图谱单元	图谱单元归类编码
不变区域	11、22、33、44	1
新增耕地	21、41	2
新增林草地	12、42	3
新增建设用地	13、23	4
新增其他用地	14、24	5

（1）在 Table 中，单击下拉菜单，选择【Select by Attributes】，打开 Select by Attributes 对话框。

（2）然后在 Select by Attributes 对话框中双击【Value】，再单击【Get Unique Values】，value 字段的所有值将出现在“Get Unique Values”上面的框里。

（一）不变区域图谱单元编码

（1）在 Select by Attributes 对话框的下方框里输入“"Value" = 11 OR "Value" = 22 OR "Value" = 33 OR "Value" = 44”，点击【Apply】，将选中土地利用变化类型为不变区域的图谱单元。

（2）在属性表中，右击【code】字段，选择【Field Calculator】。

（3）在 Field Calculator 对话框中，在“code=”下面框内输入“1”，点击【OK】。

（4）选中的土地利用变化类型为不变区域的图谱单元的代码在属性表里显示为 1，代表不变区域。

（二）新增耕地图谱单元编码

（1）在 Select by Attributes 对话框的下方框里输入“"Value" = 21 OR "Value" = 41”，点击【Apply】，将选中土地利用变化类型为新增耕地的图谱单元（注：理论上 31 也是新增耕地，但是演示数据中没有 31 出现）。

（2）在属性表中，右击【code】字段，选择【Field Calculator】。

（3）在 Field Calculator 对话框中，在“code=”下面框内输入“2”，点击【OK】。

（4）选中的土地利用变化类型为不变区域的图谱单元的代码在属性表里显示为 2，代表新增耕地。

（三）新增林草地图谱单元编码

（1）在 Select by Attributes 对话框的下方框里输入“"Value" = 12 OR "Value" = 42”，点击【Apply】，将选中土地利用变化类型为新增林草地的图谱单元（注：理论上 32 也是，但是演示数据中没有出现 32）。

（2）在属性表中，右击【code】字段，选择【Field Calculator】。

（3）在“Field Calculator”对话框中，在“code=”下面框内输入“3”。

（4）点击【OK】，选中的土地利用变化类型为不变区域的图谱单元的代码在属性表里显示为 3，代表新增林草地。

（四）新增建设用地图谱单元编码

（1）在 Select by Attributes 对话框的下方框里输入“"Value" = 13 OR "Value" = 23”，点击【Apply】，将选中土地利用变化类型为新增建设用地的图谱单元（注：理论上，43 也是新增建设用地，但演示数据中无 43 出现）。

（2）在属性表中，右击【code】字段，选择【Field Calculator】。

（3）在 Field Calculator 对话框中，在“code=”下面框内输入“4”。

（4）点击【OK】，选中的土地利用变化类型为不变区域的图谱单元的代码在属性表里显示为 4，代表新增建设用地。

（五）新增其他用地图谱单元编码

（1）在 Select by Attributes 对话框的下方框里输入“"Value" = 14 OR "Value" = 24”，点击【Apply】，将选中土地利用变化类型为新增其他用地的图谱单元（注：理论上，34 也是新增其他用地，但 34 在演示数据中没有出现）。

（2）在属性表中，右击【code】字段，选择【Field Calculator】。

（3）在 Field Calculator 对话框中，在“code=”下面框内输入“5”。

（4）点击【OK】，选中的土地利用变化类型为新增其他用地的图谱单元的代码在属性表里显示为 5，代表新增其他用地。

（5）在属性表上，点击右上角的☒，关闭属性表。

三、土地利用变化增势图谱制作

（1）在内容列表中，双击 zstp 图层，出现 Layer Properties 对话框，单击【Symbology】选项卡，然后在 Show 下单击【Unique Values】，在 Value Field 下的下拉菜单选择【code】字段。

（2）分别双击 Symbol 下的【1】、【2】、【3】、【4】和【5】，可为其选择颜色，并将其分别设置为【Gray 50%】、【Solar Yellow】、【Leaf Green】、【Mars Red】和【Steel Blue】，并在“code”字段下，单击【1】、【2】、【3】、【4】和【5】将其分别修改为不变区域、新增耕地、新增林草地、新增建设用地、新增其他用地。

（3）在图层属性对话框上单击【确定】，zstp 图层将按修改后的地类颜色与命名显示。

（4）在 ArcMap 工具条上，单击【view】的下拉菜单，选择【Layout View】。

（5）数据将以布局视图的形式显示。

（6）在 Arc GIS 标准工具条单击，然后在布局视图上，框住 zstp 图层，使其放大到刚好和布局视图窗口一样大。

（7）在 ArcMap 工具条上，单击【Insert】的下拉菜单，选择【Title】。

（8）将出现 Insert Title 提示窗口，在“What title would you like to give your map?”下面的框里输入“六盘山地区土地利用增势图谱”。

（9）单击【OK】，标题将出现在布局视图上。右键单击【六盘山地区土地利用增势图谱】，选择【Properties】。

（10）在 Properties 对话框中，单击【Change Symbol】，打开 Symbol Selector 对话框，在【Size】的下拉菜单中选择【36】，单击【OK】，Symbol Selector 对话框消失，在 Properties 对话框中点击【确定】。

（11）标题字号将变大。在标准工具栏上点击，将标题拖放到合适的位置。

（12）在 ArcMap 工具条上，单击【Insert】的下拉菜单，选择【Legend】。

（13）将出现 Legend Wizard 对话框。在 Map Layers 下，单击【zstp】，然后单击【下一步】。

（14）然后一直单击【下一步】，直到单击【完成】，完成图例属性设置。

（15）此时，图例将出现在布局视图上，把鼠标放在图例的周围，放大、缩小或者移动其到合适的位置。

（16）在图例上，右键单击选择【Properties】，打开图例属性对话框。

（17）在 Legend Properties 对话框，单击【Symbol】，打开 Symbol Selector 对话框，在【Size】的下拉菜单中选择【26】，单击【OK】，Symbol Selector 对话框消失，在 Legend Properties 对话框中点击【确定】。

（18）图例中的字体将变大。右键单击图例，选择【Convert to Graphics】，图例项将变成图片形式。

（19）右键单击图例，选择【Ungroup】，图例中的各项将可单独选中。

（20）在空白处单击一下，取消图例中各项的全部选择。然后按住 Ctrl 键的同时，单击【Legend】【zstp】【code】，选择这三项。

（21）单击 Delete 键，删除上一步选中的这三项。

（22）在 ArcMap 工具条上，单击【Insert】的下拉菜单，选择【North Arrow Selector】。

（23）将出现 North Arrow Selector 对话框，选择【ESRI North 2】，然后点击【OK】。

（24）指北针将出现在布局视图中，通过拖拉可放大、缩小或者移动指北针到合适的大小和位置。

（25）在 Arc GIS 工具条上，单击【Insert】的下拉菜单，选择【Scale Bar Selector】。

（26）将出现 Scale Bar Selector 对话框，选择【Single Division Scale Bar Metric】，然后点击【OK】。

（27）出现 Creating Scale Bar 提示窗口，单击【确定】。右击比例尺，选择【Properties】，弹出 Single Division Scale Bar Properties 窗口，选择【Scale and Units】，点击【Division Units】下拉箭头，选择单位为【Kilometers】。

（28）比例尺将出现在布局视图中，通过拖拉可放大、缩小或者移动指北针到合适的大小和位置。

（29）在 ArcMap 工具栏上，点击【File】的下拉菜单，选择【Export Map】。

（30）Export Map 对话框将打开，然后选择本章数据所在的文件夹 chp15 -> results，并将输出地图保存为 JPEG 格式，单击【保存】。

（31）找到本章数据所在文件夹，查看制作的增势图谱。

（32）在标准工具条上，单击保存，完成练习。

第十六章　土地利用变化分析案例

一、教学目的

（1）掌握 ArcGIS 软件中土地利用变化的叠置分析方法。

（2）重点掌握土地利用变化分析中转移矩阵制作的常用方法。

二、教学准备

☞　软件准备：确保您的计算机中已经正确安装了 ArcGIS Desktop 10.8 软件。

☞　实验数据：在路径 D:\ chp16 下。

本章所涉及的实验数据介绍如下：

路径	数据名称	数据格式	说明
chp16\data01	XTland1990	Shapefile	湘潭市 1990 年土地利用信息
	XTland2020	Shapefile	湘潭市 2020 年土地利用信息

☞　预备知识：

（1）地图叠置

该操作是将两个要素图层的几何形状和属性组合在一起，生成新的输出图层。输出图层的几何形状代表来自各输入图层要素的几何交集。用于叠置分析的图层必须经过空间配准，即具有相同的坐标系统。如果是 UTM 坐标系统或者国家平面坐标（SPC）系统，这些图层还必须是在相同分带和相同基准面上。

（2）四种地图叠置的方法

地图叠置的方法主要包括联合（Union）、相交（Intersect）、对称差异（Symmetrical

difference)、识别（Identity）。Union 保留了来自输入图层中的所有要素，因此输出图层的区域范围对应于两幅图层合并后的区域范围。Intersect 仅保留两个图层公共区域范围的要素，Intersect 常常是叠置分析的首选方法，因为输出图层的任何要素都同时具有输入图层的属性数据。Symmetrical difference 仅保留输入图层各自独有的区域范围要素，其操作与 Intersect 正好相反。Identity 仅仅保留落在由输入图层定义的区域范围内的要素，另一图层称为识别图层。叠置方法的选择与输入图层的区域有关。如果输入图层的区域范围相同，那么此区域范围也会应用到输出图层上。

（3）Shapefile 叠置应用注意事项

地图叠置数据输出时面积和周长的数值不会自动被更新。其输出图层包含两套面积和周长数值，分别来自每个输入图层。

（4）Excel 中的数据透视表

Excel 中的数据透视表是一种交互式的表，可以进行某些计算，如求和与计数等。所进行的计算与数据以及数据透视表中的排列有关。例如，可以水平或者垂直显示字段值，然后计算每一行或列的合计；也可以将字段值作为行号或列标，在每个行列交汇处计算出各自的数量，然后计算小计和总计。本练习采用 Excel 的数据透视表功能进行土地利用转移矩阵的制作，对土地变化信息进行初步分析。

（5）土地利用转移矩阵

土地利用转移矩阵反映了某一区域某一时段期初和期末各地类面积之间相互转化的动态过程信息，它不但包括静态的一定区域某时间点的各地类面积数据，而且含有更为丰富的期初各地类面积转出和期末各地类面积转入的信息。土地利用转移矩阵通用形式为：

$$S_{ij}=\begin{bmatrix} S_{11} & S_{12} & \cdots & S_{1n} \\ S_{21} & S_{22} & \cdots & S_{2n} \\ \cdots & \cdots & \cdots & \cdots \\ S_{n1} & S_{n2} & \cdots & S_{nn} \end{bmatrix}$$

其中：S 代表面积；n 代表转移前后的土地利用类型数；i、j（$i, j = 1,2,\cdots,n$）分别代表转移前与转移后的土地利用类型；S_{ij} 表示转移前的 i 地类转换成转移后的 j 地类的面积。矩阵中的每一行元素代表转移前的 i 地类向转移后的各地类的流向信息，矩阵中的每一列元素代表转移后的 j 地类面积从转移前的各地类的来源信息。转移前后土地利用类型数可以有所不同，这时 S_{ij} 的行数和列数不同，它是一个一般的矩阵。为研究方便，转移前后通常采用相同的分类体系和分类精度，这样 S_{ij} 的行数和列数相同，它就是一个 n 阶方阵。土地利用转移矩阵含有丰富的研究时段期初和期末各地类之间相互转化的信息，并具有丰富的统计学意义。在转移矩阵中，$S_{ij}\ (i=j)$ 表示 n 阶方阵中的主对角线上的各元素，为研究期初的 i 地类在研究时段面积没有发生转化的部分，$S_{ij}\ (i \neq j)$ 为研究时段 i 地类面积发生转化的部分。$S_i = \sum_{j=1}^{n} S_{ij}$ 是 n 阶方阵中第 i 行元素之和，表示研究期初 i 地类的面积，$D_i = \sum_{j=1}^{n} S_{ij} - S_{ii}$ 表示研究期内 i 地类的减少面积；$S_j' = \sum_{i=1}^{n} S_{ij}$ 表示 n 阶方阵中第 j 列元素之和，表示研究期末 j 地类的面积，$I_j = \sum_{i=1}^{n} S_{ij} - S_{jj}$ 表示研究期内 j 地类的新增面积；对 S_i 按 i 进行累加或对 S_j' 按 j 进行累加，结果均为 $S_{总} = \sum_{i=1}^{n} S_{ij} = \sum_{j=1}^{n} S_{ij}$，即矩阵中所有元素之和，表示研究区域的总面积；$D_i$ 按 i 进行累加为 $D_{总} = S_{总} - \sum_{i=1}^{n} S_{ii}$，表示研究期内所有地类减少面积之和，$I_j$ 按 j 进行累加为 $I_{总} = S_{总} - \sum_{j=1}^{n} S_{jj}$，表示研究期内所有地类增加面积之和，因此 $D_{总}$、$I_{总}$ 表示的都是土地利用转移矩阵中各元素之和减去主对角线各元素之和，若 $D_{总} = I_{总}$，则表示整个研究区域土地利用的新增量和减少量相等。下表以三个地类产生的转移矩阵为例，对相应指标进行表示：

		研究期末				
		地类 1	地类 2	地类 3	研究期初	减少面积
研究期初	地类 1	S_{11}	S_{12}	S_{13}	S_1	D_1
	地类 2	S_{21}	S_{22}	S_{23}	S_2	D_2
	地类 3	S_{31}	S_{32}	S_{33}	S_3	D_3
	研究期末	S_1'	S_2'	S_3'	$S_{总}$	
	增加面积	I_1	I_2	I_3		$D_{总}$（$I_{总}$）

第一节　Intersect 叠置操作

温馨提示：本小节实验详细操作教学视频请扫描右侧二维码获取，视频名称为“第十六章第一节　Intersect 叠置操作”。

（1）启动 ArcMap，点击 加载本章 data01 中的数据：XTland1990.shp 和 XTland2020.shp。

（2）查看数据属性信息。通过单击【Open Attribute Table】打开加载数据的属性表查看数据的属性信息。在 1990 年湘潭市土地利用数据中，字段 landID_1 为土地利用分类的一级地类编码，在 2020 年湘潭市土地利用数据中，字段 landID_1 为土地利用分类的一级地类编码。其中，1 表示耕地、2 表示林地、3 表示草地、4 表示水域、5 表示建设用地。

（3）分别使用属性表中 landID_1 字段，对土地利用数据进行符号显示。例如，单击土地利用图层【XTland1990】->右键【Properties】->【Symbology】选项卡，选定特定地类的显示符号，点击【确定】。对于 XTland2020 图层，同样如此操作。

（4）在版面视图中进行地图要素（图名、图例、比例尺、经纬网等）的添加，以及相应显示的设置，完成 1990 年湘潭市土地利用图的制作（详细制图操作请看本书“专题地图制作”一章）。在制作好两期的土地利用图后，单击【File】->【Export map】，输出 1990 年湘潭市的土地利用图。同样，制作 2020 年湘潭市土地利用图。

（5）Intersect 叠置操作。点击【ArcToolbox】->【Analysis Tools】->【Overlay】->【Intersect】，地图叠置操作将输入图层的要素和属性结合在一起。地图叠置的输出结果对查询和建模很有用。本案例进行了 Intersect 叠置操作，将 1990 年和 2020 年的土地利用信息进行叠置，使得在同一属性表中包含两期数据的信息，并保持输出数据边界的一致。操作中输入文件是：XTland1990.shp 和 XTland2020.shp，输出文件存在 results 文件夹中，命名为：change_int。之后我们再对叠置后数据的属性表进行相应的操作，可以对 1990—2020 年湘潭市的土地利用变化信息进行分析。

（6）进行叠置分析后，对属性表信息进行查看，进一步理解 Intersect 叠置操作的含义。

注释栏：

> 对 Intersect 后数据的属性表进行查看，可以发现：叠置后的数据总共有 12 个字段，保留了 1990 年和 2020 年两期土地利用数据的全部信息。因为 1990 年和 2020 年土地利用数据的面积和周长字段名称完全相同，在表格中显示的字段是一样的，由于后期计算需要有所区别，所以将 2020 年 AREA、PERIMETE 改为 AREA_1、PERIMETE_1，这是在操作叠置后数据自动进行了重命名，叠置后的数据有两套面积和周长信息（AREA、PERIMETE、AREA_1、PERIMETE_1），所以叠置操作中图斑面积和周长的真实信息不会进行自动更新，需要重新进行计算。对于要从事土地利用变化分析的读者，需要特别注意到这一点，因为如果土地利用图斑面积不正确，后面的分析也就失去了意义。因此，针对这个问题，下面我们对面积和周长信息进行重新计算。

（7）选中 AREA 字段，右键点击【Calculate Geometry】进行几何计算，这时会出现一个信息提示框，点击【Yes】之后，在 Calculate Geometry 框的 Property 中选择【Area】，在“Units”中，选择单位为【Hectares[ha①]】，然后重新计算面积，如果又遇到提示信息，点击【OK】即可。

（8）同样地，选中周长“PERIMETER”字段，右键点击【Calculate Geometry】进行几何计算，重新计算周长信息，在 Calculate Geometry 框的 property 中选择【Perimeter】，在 Units 中，选择单位为【Meters[m]】。

（9）为了方便查看，对叠加后属性表中的信息进行整理。点击【ArcToolbox】->【Data Management Tools】->【Fields】->【Delete Fields】，删除不需要的字段，这里我们可以删除“AREA_1”“PERIMETE_1”两个字段。

（10）得到整理后的属性表。从属性表中，我们可以得出每一个地类斑块在 1990 年的土地利用信息和 2020 年的土地利用信息，这样也可以探测到 1990—2020 年土地利用面积变化发生的地点及大小的信息。但要制作用于论文写作或者分析的数据，我们需要以统计图表的形式对变化信息进行展示。我们将在下节实验中进行操作。

---

① 1 ha = 1 hm^2。

第二节　土地利用转移矩阵的制作

温馨提示：本小节实验详细操作教学视频请扫描右侧二维码获取，视频名称为“第十六章第二节　土地利用转移矩阵的制作”。

（1）ArcGIS 属性表数据的导出。在上一节打开的属性表中，选中属性表下拉菜单中的【Table Options】->【Export】->点击选择输出文件的保存路径，注意保存时必须保存为 dBASE Table 类型，名称为“lucc1990-2020.dbf”。

（2）文件保存后，在所保存文件夹中产生三个文件。

（3）Excel 中转移矩阵的制作。用 Excel 打开 Lucc1990-2020.dbf 文件，文件类型选择“dBase 文件”。

（4）将光标放在数据所在区域，点击 【插入】->【数据透视表】->【确定】。

（5）选取行标签、列表签以及统计数值。具体方法是：将 Excel 中右上部“选择要添加到报表的字段”中的【landID_1】拖拽到“在以下区间拖动字段”中的“行标签”中；再将“选择要添加到报表的字段”中的【landID_12】拖拽到“在以下区间拖动字段”中的“列标签”中；最后再将“选择要添加到报表的字段”中的【AREA】拖拽到“在以下区间拖动字段”中的“Σ数值”中。

（6）再对透视表的标签以及格式进行修改，得到土地利用转移矩阵。

（7）对分类数字按照拟定的土地利用分类体系附以地类名称，可得转移矩阵表 16-1。

表 16-1　转移矩阵表　　单位：公顷（hm^2）

		2020 年					1990 年总计
		耕地	林地	草地	水域	建设用地	
1990 年	耕地	182934	344	43	171	525	184018
	林地	121	288700	17	0	292	289130
	草地	0	45	3897	0	0	3942
	水域	0	0	0	12703	21	12724
	建设用地	5	10	0	0	11341	11357
2020 年总计		183061	289100	3956	12874	12179	501171

（8）进一步对转移矩阵表 16-1 进行处理，可得土地利用及变化结构表（表 16-2）。

表 16-2　不同时期土地利用结构表　　单位：公顷（hm^2）

	耕地	林地	草地	水域	建设用地
1990 年	183061	289100	3956	12874	12179
2020 年	184018	289130	3942	12724	11357

第三节　土地利用变化信息分析

温馨提示：本小节无实验详细操作教学视频。

转移矩阵含有丰富的土地利用变化信息，上一节练习我们学习了转移矩阵的制作，这节我们借助此转移矩阵对湘潭市 1990—2020 年的土地利用变化信息进行初步的分析，得到耕地减少表如下，表中单位均为公顷（hm^2）。更多的分析与研究请参见相关论文。对该矩阵行信息进行分析，如果以耕地为例，行方向表示了耕地向其他地类的转移信息，由转移矩阵可得 1990—2020 年耕地向其他地类的转移情况，减少的耕地转化为建设用地的面积约占耕地总转移面积的 50%，转化为林地的面积约占耕地总转移面积的 30%，转化为水域的面积约占耕地总转移面积的 15%（表 16-3）。

表 16-3　耕地减少去向表　　单位：公顷（hm^2）

林地	草地	水域	建设用地	总计
344	43	171	525	1084
32%	4%	16%	48%	100%

同理我们对列方向的信息进行分析，可以得出特定地类的来源信息，以建设用地的增加信息为例，详见下表。1990—2020 年湘潭市各地类向建设用地的转移中，建设用地的增加有约 65%来自耕地的转化，30%来自林地的转化，少量的来自水域的转化（表 16-4）。

表 16-4　建设用地增加来源表　　单位：公顷（hm^2）

耕地	林地	水域	总计
344	43	171	559
62%	8%	31%	100%

对于转移矩阵所反映的信息，我们可以进行多个角度的分析。本实验仅以以上几种分析为例进行了说明，希望大家对转移矩阵中所反映的变化信息进行更深一步的分析。

第十七章　综合系列遥感制图方法

温馨提示：本章实验详细操作教学视频请扫描右侧二维码获取，视频名称为“第十七章 综合系列遥感制图方法”。

一、教学目的

深入理解和掌握综合系列遥感制图的理论，即地图演绎法原理以及其创建方法。

二、教学准备

☞ 软件准备：确保您的计算机中已经正确安装了 ArcGIS 10.8 软件。

☞ 实验数据：在路径 D:\chp17 下。

本章所涉及的实验数据介绍如下：

路径	数据名称	数据格式	说明
chp17\data01	digitizxm	Shapefile	厦门自然地理单元轮廓图

☞ 预备知识：

综合系列地图是统一设计编制的反映某个区域或部门基本概况的一套地图。它以地理环境和人地系统为制图对象，反映其形成发展、组成结构、质量与数量特征；反映各要素和各部门之间的相互联系与相互作用；体现自然综合体、区域经济综合体和人地系统的基本特点与区域差异，为区域开发决策和环境治理对策提供科学依据。综合制图不仅将使区域调查研究与规划设计获得比较全面正确和切实可靠的结论，而且将使各种专题地图充分利用各部门的分析成果，加强各部门之间的相互渗透和综合观点，使各种专题地图便于对比分析，提供进一步深入地发现自然规律的可能性。

（1）启动 ArcMap，在 ArcMap 标准工具栏上单击 ，打开 Catalog。

（2）在 Catalog 标准工具栏上单击 ，找到本章数据存放的文件夹 chp17，然后点击【确定】。

（3）本章数据所在的文件夹将出现在目录树下，单击 data01 文件夹，把 digitizxm.shp 文件拖到地图上，如果出现了“Unknown Spatial Reference”，点击【OK】。

注释栏：

> 其中属性表中“TR”代表土壤类型编码、“soil”代表土壤类型、“DZ”代表地貌类型编码、“ZB”代表植被类型编码、“vegetation”代表植被类型、“ST”代表生态环境类型编码、“TD”代表土地利用类型编码。

（4）点击【ArcToolbox】->【Data Management Tools】->【Generalization】->【Dissolve】，在出现的 Dissolve 对话框中，Input Features 选择【digitizxm】，Output Features Class 选择“D:\chp17\results\soil.shp”，Dissolve_Field(s)(optional)勾选【soil】，点击【OK】。

（5）在图层页面右键单击【soil】，点击【Properties】，在 Layer Properties 对话框选择【Symbology】->【Categories】->【Unique values】，在 Values Field 中选择【soil】，点击【Add All Values】，单击【确定】。

（6）接下来的专题制图部分，除参考本小节视频外，还可参考第十三章专题地图编制部分文字及视频。这是以做土壤图为例，其他综合系列图（如地貌类型图、植被图、生态环境图、土地利用图）也可通过这样的方法制作。其中，不同的系列图需要先拟订好分类体系，有兴趣的读者可进一步查阅书后列出的参考文献（全斌，廖克，陈逢珍，等. 基于知识的厦门市生态环境遥感系列制图. 地球信息科学，2005，7（1）：122-125.）。

第十八章　土地利用强度分析模型

一、教学目的

掌握用 TerrSet 软件制作转移矩阵的方法。

二、教学准备

☞　软件准备：确保您的计算机中已经正确安装了 TerrSet 软件和 Excel 软件。

☞　实验数据：在路径 D:\chp18 下。

本章所涉及的实验数据介绍如下：

路径	数据名称	数据格式	说明
chp18\data01	hyPLE2005	tiff	2005 年衡阳市生产-生活-生态用地
	hyPLE2010	tiff	2010 年衡阳市生产-生活-生态用地
	hyPLE2015	tiff	2015 年衡阳市生产-生活-生态用地
	2005-2010CROSS	rst	实验结果
	2010-2015CROSS	rst	实验结果
	2005-2010CROSS	html	实验结果
	2010-2015CROSS	html	实验结果
chp18\data02	PontiusMatrix42A	Excel	分析出图用 Excel 表，作为实验输入

☞　预备知识：

转移矩阵是分析土地利用变化的基础。它实际就是一张表格，其中，行表示开始时间点的土地利用类型的数量，列表示终止时间点同一序列的土地利用类型数量。强度分析就是通过这个转移矩阵从数学和图形上传递信息，分层次来解释土地利用变化的框架。它有大小与强度的差别。大小是指研究区背景下，土地的面积大小。强度是一个比率，其分子是变化的大小而分母是土地利用变化可能发生的范围的大小。强度分析通过叠加两种因素分析来解释土地利用变化的原因，即空间范围的大小与变化的强度多少。某种土地类型的净变化是该种土地利用类型的增加量（转入量）减去它的失去量（转出量）。如果一种土地利用类型在一些地方减少，但它却在另一些地方增加，那么它的净变化就小于总变化，因为总变化是它的增加量加上失去量。

第一节　TerrSet 软件中的转移矩阵制作

温馨提示：本小节实验详细操作教学视频请扫描右侧二维码获取，视频名称为“第十八章第一节　TerrSet 软件中的转移矩阵制作”。

（1）点击【开始】，打开 TerrSet 软件。

（2）点击 TerrSet Explorer 下的【Projects】，将 Editor 下的 Working folder 改为 D:\chp18\data01。

（3）点击 TerrSet Explorer 下的【Files】，双击打开 hyPLE2005、hyPLE2010 和 hyPLE2015，主程序窗口中会出现相应的图像。

（4）在工具栏搜索框输入“RECLASS”，按回车键，在出现的 RECLASS-image classification / reclassification 窗口中，“Type of file to reclass”选择【Image】，“Classification type”选择【User-defined reclass】，“Input file”选择【hyPLE2005】，“Output file”输入【rehyPLE2005】，在“Reclass parameters”框下按 Assign a new value of、To all values from、To just less than 的顺序依次输入{“1”“1”“1”}、{“2”“2”“2”}、{“3”“3”“3”}、{“4”“4”“4”}、{“0”“-9999”“0”}，再点击【OK】。

（5）在 TerrSet Explorer 窗口下空白处单击右键，点击【Refresh】，点击 TerrSet Explorer 下的“rehyPLE2005”文件，在出现的 Metadata 窗口中点击【Categories】右边的空白栏，然后点击右边的 ，在出现的 Categories 窗口中点击四次 （Add Line）按钮，添加三行表格，表格内容如表 18-1 所示：在“Code”下第一行输入“1”、第二行输入“2”、第三行输入“3”、第四行输入“4”，“Category”下第一行输入“E-land”、第二行输入“EP-land”、第三行输入“PE-land”、第四行输入“LP-land”，点击【OK】，点击 Metadata 窗口中左下角的保存按钮，在警示窗口中点击【Yes】。“E-land”代表 Ecology land，即生态用地；“EP-land”代表 Ecology-Production land，即生态-生产用地；“PE-land”代表 Production-Ecology land，即生产-生态用地；“LP-land”代表 Living-Production land，即生活-生产用地。

（6）点击 RECLASS - image classification / reclassification 窗口，在 RECLASS - image classification / reclassification 窗口中，“Type of file to reclass”选择【Image】，“Classification type”选择【User-defined reclass】，“Input file”选择【hyPLE2010】，“Output file”输入“rehyPLE2010”，点击【OK】，在 TerrSet Explorer 窗口下空白处单击右键，点击【Refresh】，点击 TerrSet Explorer 下的“rehyPLE2010”文件，在出现的 Metadata 窗口中点击【Categories】右边的空白栏，然后点击右边的按钮，在出现的 Categories 窗口中点击【Copy from】，在出现的 Pick List 窗口中点击选中“rehyPLE2005”文件，点击【OK】，在 Categories 窗口中也点击【OK】。

（7）依照步骤（6）对 2005 年的数据进行重分类。

（8）点击 RECLASS - image classification / reclassification 窗口右上角的☒关闭 RECLASS - image classification / reclassification 窗口。

（9）在工具栏搜索框输入【CROSSTAB】，按回车键，在出现的 CROSSTAB- cross - tabulation 窗口中，“Type of analysis”选择【Hard classification】，“First image (column)”选择【rehyPLE2010】，“Second image（row）”选择【rehyPLE2005】，“Output type”选择【Both cross-classification and tabulation】，“Output image”输入【2005-2010CROSS.RST】，点击【OK】，在出现的 Module Results 窗口中点击【Save to File】，定位到“D:\chp18\data01\results”文件夹下，输入文件名为“2005-2010CROSS”。

（10）单击 CROSSTAB- cross - tabulation 窗口，在 CROSSTAB- cross - tabulation 窗口中，“Type of analysis”选择【Hard classification】，“First image (column)”选择【rehyPLE2010】，“Second image（row）”选择【rehyPLE2015】，“Output type”选择【Both cross-classification and tabulation】，“Output image”输入【2010-2015CROSS】，点击【OK】，在出现的 Module Results 窗口中点击【Save to File】，定位到“D:\chp18\data01\results”文件夹下，输入文件名为“2010-2015CROSS”。

（11）双击 TerrSet Explorer 下的“2005-2010CROSS”文件，在 Metadata 窗口中点击【Categories】右边的按钮，Category 栏如表 18-1 所示，使数字与代表的土地类型一一

对应，并不是直接按照此表格式复制，软件中出现的数字无须更改，只需要在数字后面添加对应的土地类型英文简称。

表 18-1　土地利用类型转换分类表

Code	Category（类别）
1	1 | 1　E-land
2	2 | 1　EP| E-land
3	3 | 1　PE| E-land
4	4 | 1　LP| E-land
5	1 | 2　E| EP-land
6	2 | 2　EP-land
7	3 | 2　PE| EP-land
8	4 | 2　LP| EP-land
9	1 | 3　E| PE-land
10	2 | 3　EP | PE-land
11	3 | 3　PE-land
12	4 | 3　LP| PE-land
13	1 | 4　E | LP-land
14	2 | 4　EP | LP-land
15	3 | 4　PE | LP-land
16	4 | 4　LP-land

然后点击【OK】。点击【Metadata】窗口中左下角的保存按钮，在警示窗口中点击【Yes】。

（12）点击工具栏中的（Symbol Workshop）按钮，在出现的 Symbol Workshop 窗口中点击【File】->【New】，在出现的 New Symbol File 窗口中“Symbol File Type”选择【Palette】，“File Name”输入“2005-2010CROSS”，点击【OK】，点击 Symbol Workshop 窗口中右边格子中从左边数第一行与第一列相交的格子，颜色选择“白色”，点击从左边数第一行与第二列相交的格子，颜色选择“深绿色”，点击从左边数第一行与第三列相交的格子，颜色选择“深蓝色”，点击从左边数第一行与第四列相交的格子，颜色选择“浅黄色”，点击从左边数第一行与第五列相交的格子，颜色选择“红色”，其实接下来还需设置更多的类别颜色。这是由于生成了 16 个类别加上一个背景，我们需要设置 17 个格子的颜色。点击【File】->【Save As】，在出现的 Save Symbol File As 窗口中，File Name 输入“D:\chp18\data01\results\Cross-symbol”，点击【OK】。

（13）双击 TerrSet Explorer 下的“2010-2015CROSS.rst”文件，在 Composer 窗口中点

击（Layer properties）按钮，在出现的 Layer Properties 窗口中点击“Palette File”下的按钮，在出现的 Pick List 窗口中选择“Cross-symbol”文件，点击【OK】。

（14）双击 TerrSet Explorer 下的“2010-2015CROSS.rst”文件，在出现的 Layer Properties 窗口中点击 Palette File 下的按钮，在出现的 Pick List 窗口中选择“Cross-symbol”文件，点击【OK】，再关闭 Layer Properties 窗口。

（15）点击主窗口中 2005-2010CROSS 图层，在 2005-2010CROSS 图层窗口中单击右键，点击【Map Properties】，在出现的 Map Properties 窗口中点击 North Arrow 栏，勾选【Visible】，点击 Scale Bar 栏勾选【Visible】，“Length (in ground units)”输入“30000”，点击【OK】。

（16）点击主窗口中 2010-2015CROSS 图层，在 2010-2015CROSS 图层窗口中单击右键，点击【Map Properties】，设置地图相关参数和步骤与（14）相同。

（17）在 Composer 窗口中右键点击【2010-2015CROSS】->【Save map composition】，在出现的 Save Composition 窗口中勾选【Copy to Clipboard】，点击【OK】，此时结果图已被复制，可以将图像粘贴到您需要的地方。

第二节　土地利用变化强度分析

温馨提示：本小节实验详细操作教学视频请扫描右侧二维码获取，视频名称为“第十八章第二节　土地利用变化强度分析”。

（1）打开“D:\chp18\data01\results”文件夹下的“2005-2010CROSS.HTML”文件。

（2）复制文件中“Pixel Cross-tabulation”下方表格中的第二行和第三行。

（3）打开 data02 中的 PontiusMatrix42A 文件（注：这个表由 Robert Gilmore Pontius Jr 创建，因此用他的名字命名）。待表打开后，再在表中打开“Input”工作表，点击 A1 单元格选择【Census】，点击 B1 单元格选择【Change】，点击 C1 单元格输入“Hengyang”，点击 D1 单元格输入“2010”，点击 B3 单元格输入“2005”，点击 C3 单元格输入“E land”，点击 C4 单元格输入“EP land”，点击 C5 单元格输入“PE land”，点击 C6 单元格输入“LP land”。

（4）D3 输入“2005-2010CROSS.HTML”文件中“Pixel Cross-tabulation”下方表格中的从左边数第三行与第三列相交的数字，D4 输入“2005-2010CROSS.HTML”文件中“Pixel Cross-tabulation”下方表格中的从左边数第四行与第三列相交的数字，E3 输入“2005-2010CROSS.HTML”文件中“Pixel Cross-tabulation”下方表格中的从左边数第三行与第四列相交的数字，E4 输入“2005-2010CROSS.HTML”文件中“Pixel Cross-tabulation”下方表格中的从左边数第四行与第四列相交的数字，按照上述规律将“2005-2010CROSS.HTML”文件中的数据对应填在 Input 工作表中。

（5）点击【E4】->【数据栏】->【模拟分析】->【方案管理器】->【添加】，在出现的“添加方案”窗口中，“方案名”输入“Hengyang 2005-2010”，点击【确定】，在出现的“方案变量值”窗口中也点击【确定】，点击【关闭】。

（6）D3 输入“2010-2015CROSS.HTML”文件中“Pixel Cross-tabulation”下方表格中的从左边数第三行与第三列相交的数字，D4 输入“2010-2015CROSS.HTML”文件中“Pixel Cross-tabulation”下方表格中的从左边数第四行与第三列相交的数字，E3 输入“2010-2015CROSS.HTML”文件中“Pixel Cross-tabulation”下方表格中的从左边数第三行与第四列相交的数字，E4 输入“2010-2015CROSS.HTML”文件中“Pixel Cross-tabulation”下方表格中的从左边数第四行与第四列相交的数字，按照上述规律将“2005-2010CROSS.HTML”文件中的数据对应填在 Input 工作表中。

（7）点击【E4】->【数据栏】->【模拟分析】->【方案管理器】->【添加】，在出现的“添加方案”窗口中，“方案名”输入“Hengyang 2010-2015”，点击【确定】，在出现的“方案变量值”窗口中也点击【确定】，点击【关闭】。

（8）点击 CategorySize 工作表，点击出现的图表，单击右键选择【选择数据】，在出现的“选择数据源”窗口中，“图表数据区域”选择 Size 工作表中的“$G$1:$N$5”，点击【确定】。

第十九章　土地自然潜力评价案例

一、教学目的

（1）重点掌握 ArcGIS 软件中土地自然潜力评价案例的加权叠加方法。

（2）掌握土地自然潜力分级方法及其土地自然潜力评价图的制作。

二、教学准备

☞ 软件准备：确保您的计算机中已经正确安装了 ArcGIS 10.8 软件。

☞ 实验数据：在路径 D:\ chp19 下。

本章所涉及的实验数据介绍如下：

路径	数据名称	数据格式	说明
chp19\data01	om	栅格	湘潭市土壤有机质含量
	ph	栅格	湘潭市土壤酸碱度
	soil_p	栅格	湘潭市土壤速效磷含量
	tn	栅格	湘潭市土壤全氮含量
	soil_k	栅格	湘潭市土壤速效钾含量
	slp	栅格	湘潭市坡度
	aspect	栅格	湘潭市坡向
	erosion	栅格	湘潭市土壤侵蚀强度
	sunshine	栅格	湘潭市年平均日照时长
	rainfall	栅格	湘潭市年平均降水量
	temp	栅格	湘潭市年平均温度

☞　预备知识：

（1）评价对象

以湖南省湘潭市土壤普查资料为基础，对所辖区域进行土地自然潜力等级评价。按其潜力程度分为 3 个等级，分别为优等地潜力、中等地潜力和差等地潜力。

（2）选取评价指标

土地自然潜力评价的指标是指影响和构成土地潜力的各种因素，是衡量土地质量高低的指标。影响土地潜力的因素包括土地利用和土地自然属性多方面的指标，本案例考虑到指标的可测性、稳定性和代表性，在参考国内外土地潜力评价系统的基础上，结合湘潭市现有数据的实际情况，选取土壤有机质含量、全氮含量、速效磷含量、速效钾含量、pH、坡度、坡向、年平均温度、年平均降水量、土地侵蚀强度、年平均日照时长共 11 个指标作为湘潭市土地自然潜力评价的评价指标。

（3）评价单元的确定

评价单元是具有专门特征的土地单位，是制图的基本区域。本案例运用 ArcGIS 10.8 软件的空间分析功能，以各个单因子分级图叠加后的最小图斑作为评价单元，结果将更加可靠。

（4）确定评价指标标准

评价指标等级划分是结合土地资源普查结果和现实指标数值意义进行的，具体划分依据为：

1）土地自然因素：土壤有机质含量、全氮含量、速效磷含量、速效钾含量是影响土壤肥力强度的指标因素，其含量越高肥力越好。pH 是影响土壤酸碱度的指标，土壤呈弱酸或中性最好，有利于植物生长；呈现强酸强碱对植物生长不利。现土地资源普查的土壤各因子原始图已划分为 6 个等级，在此基础上重分类为 4 个等级（评价指标因子分级见 D:\chp19\评价指标因子分级中的 pdf 文件“评价指标因子分级.pdf”）。

2）地形因素：坡度，国家规定土地坡度大于 25°的土地不利于土地利用，因此，坡度大于 25°的土地划分为第四等，然后再在这基础上根据原始的土地资源普查已划分的土壤的 6 个等级进行一至三等的指标因子值划定。坡向，土地所处坡向的不同，其采光度、温度等不同会影响土地自然潜力，平坡和朝南坡向阳时间长，光照充足温度高，有利于植物生长，因此将其划分在一等地的指标参数中；朝东、东南、西、西南坡向的土地向阳时间稍少，光照较充足，温度较高，能够较好地促进植物生长，因此将其划分在二等地的指标参数中；朝东北、西北坡向的土地向阳时间少，光照、温度都存在欠缺，对植物生长作用促进较少，因此将其划分在三等地的指标参数中；朝北坡向的土地背阳，光照、温度差，对植物生长作用促进少，因此将其划分在四等地的指标参数中。

3）气候因素：湘潭市光能、热能丰富，降水量较充沛，日照时长、温度、降水量等指标因子对土地潜力评价影响不存在明显差异，在此选取均分方法，由高到低进行等级划分。

4）土壤侵蚀程度：土壤侵蚀造成土壤资源的破坏，会导致土地质量和肥力的下降，影响土地潜力。因湘潭市土地普查结果显示存在微度、轻度、中度三个情况，现将其一次划分为一至三等级。

（5）评价因子分级

对选取的评价因子进行限制性分析，利用 ArcGIS 10.8 进行重分类，把每个参评因素划分为 3 个等级。通过 100 分制分别给各指标赋予不同的指标分数值，一级地土地质量最好，赋分最高；随等级递增土地质量依次下降，赋分减少，见表 19-1。

表 19-1 土地自然潜力评价因素等级划分

指标因子	一级地	二级地	三级地	四级地
有机质含量/（mg/kg） （指标分值）	>4 100	2～4 80	0.6～2 60	<0.6 40
全氮含量/（mg/kg） （指标分值）	>0.2 100	0.1～0.2 80	0.05～0.1 60	<0.05 40
速效钾含量/（mg/kg） （指标分值）	>150 100	100～150 80	50～100 60	<50 40
速效磷含量/（mg/kg） （指标分值）	>20 100	10～20 80	3～10 60	<3 40
pH （指标分值）	6.5～7.5 90	5.5～6.5 85	4.5～5.5 或 7.5～8.5 60	<4.5 或>8.5 40
坡度/° （指标分值）	<5 100	5～15 70	15～25 30	>25 restricted
坡向 （指标分值）	平、南 100	东、东南、西、西南 80	东北、西北 60	北 40
年平均温度/℃ （指标分值）	>17.39 100	17.25～17.39 80	17.11～17.25 60	<17.11 40
降水/mm （指标分值）	>1323 100	1311～1323 80	1299～1311 60	<1299 40
土地侵蚀强度 （指标分值）	微度 100	轻度 70	中度 40	重度 （缺）
日照时长/h （指标分值）	2800～2841 100	2760～2800 80	2720～2760 60	2711～2720 40

注：一级地、二级地、三级地、四级地分别对应于数据中字段“Field”中的 1、2、3、4。为了方便，提供的数据已在原始数据上进行了分级处理。

（6）评价因子权重的确定

权重是指评价因子对评价单元综合分值高低的影响程度。定量与定性相结合，采用层次分析法与专家打分法进行评价因子权重的确定，表 19-2 为预定的权重值。

表 19-2　指标因子权重

单位：%

指标因子	权重
有机质含量	30
pH	3
速效磷含量	9
全氮含量	4
速效钾含量	13
坡度	13
坡向	5
土地侵蚀强度	11
日照时长	4
降水	4
年平均温度	4
总和	100

（7）评价系统

结合湘潭市的土地利用特点，建立土地资源自然潜力评价系统，使用土地自然潜力评价分值（Q）代表各类土地资源潜力值，其划分标准见表 19-3。

表 19-3　湘潭市土地资源潜力等级划分基准

土地	土地资源自然潜力	Q 值范围	等级描述
优等地	一等潜力级	$Q \geqslant 82$	坡度小于 5°，有机质、氮磷钾含量丰富，土壤酸碱度为中性或弱酸性，光照充分，温度适宜，降水充分
中等地	二等潜力级	$82 > Q \geqslant 68$	坡度 5°～25°，有机质、氮磷钾含量较丰富，土壤酸碱度呈弱酸性或弱碱性，光照较充分，温度适宜，降水较充分
差等地	三等潜力级	$Q < 68$	坡度＞25°，有机质、氮磷钾含量较少，土壤酸碱度为中度酸性或中度碱性，光照一般，温度略微适宜，降水一般

第一节　Weighted Overlay 加权叠加操作

温馨提示：本小节实验详细操作教学视频请扫描右侧二维码获取，视频名称为“第十九章第一节　Weighted Overlay 加权叠加操作”。

（1）加载数据。启动 ArcMap，点击 加载 D:\chp19\data01 下“om”“ph”“soil_p”“soil_k”“tn”“slp”“aspect”“erosion”“sunshine”“rainfall”“temp”等 11 个评价指标因子栅格数据（按住 Ctrl 键，鼠标左键点击数据可以进行多选）。

（2）在 ArcGIS 标准工具栏上，单击 ，打开 ArcToolbox 窗口。

（3）在 ArcToolbox 窗口中，选择【Spatial Analyst Tools】->【Overlay】->【Weighted Overlay】。

（4）点击 ，“Input Raster”中依次添加需要加权叠加的11个图层，“Input Field”都选择【VALUE】。

（5）设置“Evaluation scale”为【from 1 to 100 by 1】。

（6）根据各自参评因子指标分值设置“scale value”（见预备知识第 5 点中表 19-1 中指标因子的对应指标分值）。

（7）在“Influence”中输入各参评因子的权重值（见预备知识第 6 点表 19-2 中各指标因子的对应权重）。

（8）在“Out raster”中设置输出路径【D:\chp19\results】，结果命名为“potential”。

（9）单击【OK】。

第二节　土地自然潜力分级

温馨提示：本小节实验详细操作教学视频请扫描右侧二维码获取，视频名称为“第十九章第二节　土地自然潜力分级”。

（1）右击 potential 图层，选择【Open Attribute Table】。

（2）在工具栏中单击 ，选择【Add Field】，“Name”命名为“GRADE”，“Type”选择【Short Integer】，点击【OK】。

（3）点击 (Select By Attributes)，双击“Method”中的【VALUE】字段，点击【>=】，然后在“SELECT*FROM potential. vat WHERE”中输入值“82”(表达式即为 VALUE>=82)。

（4）点击【Verify】，再点击【Apply】。

（5）右击【GRADE】，选择【Field Calculator】，在“GRADE=”中输入“1”，点击【OK】。

（6）点击 (Select By Attributes)，首先删除原来“SELECT*FROM potential. vat WHERE”中的内容。双击【”VALUE”】字段，点击【<】，然后在“SELECT*FROM potential. vat WHERE”中输入值“82”，点击【And】，双击【VALUE】，点击【>=】，然后再输入值“68”(表达式即为"VALUE" <82 AND "VALUE" >=68)。

（7）点击【Verify】，点击【Apply】。

（8）右击【GRADE】，选择【Field Calculator】，在“GRADE=”中输入“2”。点击【OK】。

（9）点击 (Select By Attributes)，首先删除原来“SELECT*FROM potential. vat WHERE”中的内容。双击【GRADE】字段，点击【=】，输入值“0”(表达式即为"GRADE" =0)。

（10）点击【Verify】，再点击【Apply】。

（11）右击【GRADE】，选择【Field Calculator】，在“GRADE=”中输入“3”。点击【OK】，点击 【Clear Selection】。

（12）点击 Table 窗口右上角☒，关闭属性表对话框。

（13）右击 potential 图层，选择【Properties】，选择【Symbology】选项，单击左侧【Unique Values】选项，在右侧【Value Field】下拉框中选择【GRADE】字段。

（14）在 Symbology 下，双击第一层颜色框，选择颜色【Solar Yellow】，双击 GRADE

值为“1”处，重命名为“优等地”。

（15）双击第二层颜色框，选择颜色为【Light Apple】，双击 GRADE 值为“2”处，重命名为“中等地”。

（16）双击第三层颜色框，选择颜色【Gray 40%】，双击 GRADE 值为“3”处，重命名为“差等地”。

（17）点击【确定】。

第三节　土地自然潜力评价图的制作

温馨提示：本小节实验详细操作教学视频请扫描右侧二维码获取，视频名称为“第十九章第三节　土地自然潜力评价图的制作”。

（1）在 ArcMap 工具条上，单击【View】下拉菜单，选择【Layout View】。

（2）数据将以布局视图的形式显示。

（3）接下来的专题制图部分，除参考本小节视频外，还可参考第十三章专题地图编制部分文字及视频。

参考文献

[1] Carl Steinitz. Beginnings of Geodesign：A Personal Historical Perspective. ArcNews[J]. ESRI，2013（35）：2.

[2] Kang-tsung Chang．地理信息系统导论（原著第九版）[M]．陈健飞，胡嘉骢，陈颖彪，译．北京：科学出版社，2019.

[3] 丁华，李如仁，成谴，等．ArcGIS 10.2 基础实验教程[M]．北京：清华大学出版社，2018.

[4] J.Ronald Eastman．IDRISI 遥感图像处理与地理信息系统教程[M]．刘雪萍，译．北京：电子工业出版社，2014.

[5] 牟乃夏，刘文宝，王海银，等．ArcGIS 10 地理信息系统教程从初学到精通[M]．北京：测绘出版社，2012.

[6] 全斌，廖克，陈逢珍，等．基于知识的厦门市生态环境遥感系列制图[J]．地球信息科学，2005，7（1）：122-125.

[7] 全斌，任红鸽，刘沛林，等．ArcGIS 10.2 地理信息系统软件与应用[M]．北京：中国矿业大学出版社，2017.

[8] Maribeth Price. Mastering ArcGIS（Fourth Edition）[M]. McGraw-Hill Higher Educaton，2010.

[9] Robert Gilmore Pontius Jr & Alí Santacruza. Quantity，exchange，and shift components of difference in a square contingency table[J]. International Journal of Remote Sensing，2014，35（21）：7543-7554.

[10] Bin Quan，Robert Gilmore Pontius Jr，Hui Song. Intensity Analysis to communicate land change during three time intervals in two regions of Quanzhou City，China[J]. GIScience & Remote Sensing，2020，57（1）：21-36.

[11] Bin Quan，Hongge Ren，Robert Gilmore Pontius Jr，et al. Quantifying spatiotemporal patterns concerning land change in Changsha，China[J]. Landscape and Ecological Engineering，2018，14（2）：257-267.

[12] Stan Aronoff. Geographic Information Systems：A Management Perspective[M]. Ottawa，Canada：WDL Publications，1993.

[13] 汤国安，杨昕．ArcGIS 地理信息系统空间分析实验教程（第 2 版）[M]．北京：科学出版社，2012.

[14] 王文宇，杜明义．ArcGIS 制图和空间分析基础实验教程[M]．北京：测绘出版社，2011.

[15] 王学恭，郝荣，郭涛，等．Cognition 遥感图像处理实践教程[M]．北京：科学出版社，2020.

[16] 吴建华，逯跃锋. ArcGIS 软件与应用（第 2 版）[M]．北京：电子工业出版社，2019.